YISHOU CAIFU
YISHOU XINGFU

一手财富 一手幸福

李婷婷／编著

人生的快乐和幸福不在金钱，不在爱情，而在真理。即使你想得到的是一种动物式的幸福，生活反正也不会任你一边酗酒，一边幸福的，它会时时刻刻猝不及防地给你打击。

——契诃夫

中国言实出版社

图书在版 编目(CIP)数据

一手财富 一手幸福 / 李婷婷编著. -- 北京 ： 中
国言实出版社，2017.6
ISBN 978-7-5171-2473-3

Ⅰ. ①一… Ⅱ. ①李… Ⅲ. ①成功心理－通俗读物
Ⅳ. ①B848.4-49

中国版本图书馆CIP数据核字(2017)第172685号

责任编辑：胡　明
封面设计：浩　天

出版发行　中国言实出版社
　　地　　址：北京市朝阳区北苑路180号加利大厦5号楼105室
　　邮　　编：100101
　　编辑部：北京市海淀区北太平庄路甲1号
　　邮　　编：100088
　　电　　话：64924853（总编室）64924716（发行部）
　　网　　址：www.zgyscbs.cn
　　E-mail：zgyscbs@263.net
经　　销　新华书店
印　　刷　三河市天润建兴印务有限公司
版　　次　2017年9月第1版　　2017年9月第1次印刷
规　　格　880毫米×1230毫米　1/32　印张8
字　　数　200千字
定　　价　38.00元　　　ISBN 978-7-5171-2473-3

　　财富和幸福在这个世界上具有相当大的诱惑力。但是，在追求财富和幸福的过程中，不同的人采取了不同的方式。有的人将财富和幸福定义在一个表面的层次，认为只要得到了物质的满足和看似光鲜的生活状态就是最好的结果了，但是，有的人把财富和幸福定义在内在层面的丰富上，他们不会在意是否得到了金钱，精神上的满足和幸福对于他们而言永远具有更重要的意义。

　　不管一个人更侧重于哪一个方面的满足，我们都不能否认，财富和幸福对于我们而言缺一不可。它们就像两只手，丢了任何一只我们都会感到缺失，都会发现生活不再顺利。细究起来会发现其实最需要的是一种心灵的安全感和满足感，也就是幸福。哲学家休谟说过："一切人类努力的伟大目标在于获得幸福。"当人们锲而不舍地创造了一个物质繁荣的世界，享受着高质量的生活时，幸福依旧如"雾里看花，水中望月"般可望而不可即。财富的与日俱增同幸福的止步不前形成了一个恼人的悖论。财富只能填充心灵，永远都不能代替心灵的感受，假如命运之神要用一座金山换取幸福，我相信没有一个人愿意接受这座金山，这就是金钱的地位。当然，命运之神绝对不会这么做，他总是在给了一点财富的同时，又给你一点幸福，至于是不是能够抓住这就要看能力。

伸出左右手，那里隐藏了许多关于财富和幸福的秘密，但是，请不要误会，因为，财富和幸福不在掌纹里，而在两只手一握之间。

目 录

第一章 打下财富的基础

第二章 历练财富心态

第三章 寻找致富途径

第四章 做好理财工作

第五章 心灵是幸福的沃壤

第六章 寻找自己的幸福

第七章 给幸福保鲜

第八章 财富与幸福的关系

第九章 富足心是根本

第一章 打下财富的基础

身体是创富的硬件设施

毫无疑问，每个人都希望过上富裕舒适的生活，为达到这一目标，要求我们有一定的经济基础。所以，我们拼命地赚钱，既是为了生活，也是为了体现自身的价值，实现心理上的满足。于是，加班、熬夜也就成为常事，就这样在获得了经济回报的同时，却不知不觉地牺牲了健康，这是得不偿失的。

记得刚刚大学毕业的时候，从未参加过工作的我对工作中的一切都充满了激情与新鲜感，再加上自己有幸获得了一份十分喜爱的工作，每天从上班的那一刻，坐到自己的座位上，除了实在是渴了去倒杯水，算是一个难得的运动机会之外，几乎所有的时间我都坐在电脑前全身心地投入工作。到了午餐时间匆忙地去食堂吃过饭后，又继续坐在电脑前工作，一天下来，除上下班能走十几分钟的路之外，几乎就没有任何运动的机会，而且长时间保持一种姿势，这种状态持续了近半年的时间，在不知不觉中我患上了颈椎病。对于病痛，健康的人永远也无法真正体验到它的痛苦，所以人们在健康的时候从不知道应该去珍爱身体，更无法体会健康是多么珍贵，真希望所有人能够重视身体的健康，不要像我一样在失去了健康以后才知道它的珍贵，疾病对于身心的折磨是十分残酷的。目前大部分的上班族可能都患有颈椎病，我们不难理解这样一个道理，金钱是买不来健康的，一个人的健康将决定着事业的发展与家庭幸福。

也许，人们许多时候都是在失去后才知道后悔，拥有的时候却不知道珍惜。许多人为了赚钱，总是把健康放在次要的位置。酒桌上的应酬一天多似一天，吃不完的饭局，应付不完的酒席，长年累月的睡眠不足……直到有一天身体垮了，原来赚的钱全部付了医药费，才知道自己转了一大圈又回到了原来的地方，这样的结果大概不是他们的本意。

这不禁让我想起一个故事，一个商人去海边度假，看到渔民钓到很多鱼。商人对渔民说要和他合作让他捞更多的鱼，然后他负责卖掉，这样渔民就能赚到很多钱过他想过的生活，但是渔民并没有答应。商人不解，于是问道："为什么放着钱不赚呢？"渔民笑答："赚了钱之后去干什么呢？""做你喜欢的事，例如你喜欢钓鱼，那就再回来钓鱼啊。"渔民回答说："那你说我现在干什么呢？"。

是的，我们赚钱的目的是什么？假如有一天生活中除了钱，其他的什么都没有了，生活还有什么意义呢？

但是，这个道理却很少有人懂得。有人说，年轻时我们用健康换金钱，而年老时却拿金钱来换健康。

当代社会，竞争越来越激烈。身在职场，我们所承受的压力也越来越重。健康的身体，是获得事业成功的一个保证。三天两头生病，再好的机会也会错过。读过《红楼梦》的人，可能都对林黛玉的柔弱记忆犹新。如果你也如她一样娇弱，恐怕很快就会在激烈的竞争中被淘汰出局了。保持身体的健康，既是对自己的一种关爱，也是对工作的一种负责。

以牺牲健康为代价的成功无异于"杀鸡取卵"，应该竭力避免。聪明人总会将工作和休息很好地结合起来，只有将这两者合理地平衡起来，才能体会到生活的快乐。

也许你会说，工作太忙，几乎没有时间来锻炼身体。其实，这只不过是一个借口。锻炼身体是随时随地都可以进行的。例如，可以利用中午的休息时间与同事打打羽毛球，周末与家人一起外出爬爬山等，既可以锻炼身体，又可以陶冶情操，还可以联络感情，一举多得。

让我们关注健康，爱护身体。拥有健康，你才拥有致富的根本。

头脑是创富的软件设施

对于一个人而言，机智灵活的头脑是获取生存条件的最好工具。没有头脑的人在与他人同等的竞争条件下只有认输。人是靠头脑来生存的，而不是靠体力。没有一定的头脑，永远都不会得到比别人更多的财富和幸福。瑟罗·威德就凭着自己出色的头脑从一介平民成长为一个声名显赫的人物。

林肯就任总统期间，南北双方正闹得水火不容。当时，有一份叫作《纽约先驱报》的报纸，一直支持南部联邦政府。这份报纸的发行量很大，在美国乃至整个欧洲都有着极大的影响力。因此，报纸的某些言论给政府带来了不小的压力。但是，在崇尚言论自由的美国，政府对该报的行为也无能为力。万般无奈之下，林肯只好请威德出面斡旋。

威德与这家报社的老板贝内特以前曾有过接触，却数十年没有联系了。凭着出色的口才与智慧，在与贝内特见面的第二天，威德便使贝内特放弃了自己的立场，主动转到联邦政府这边。这给北方政府解了大围，使政府在舆论上取得了优势。

这次胜利，使南方政府在舆论上受到了重挫。但是，南方分裂势力仍然活跃，他们在欧洲有着很大的影响力。为了彻底摧毁南方的分裂势力，威德又奉命出使欧洲。法国是他的第一站。由于美国封锁查理斯敦港，引起了法国皇帝的不满，因此给南方的分裂分子提供支持。他甚至命令法国的商人不要与美国有任何贸易上的来往。但是，威德巧妙地改变了这一切。他不仅使法国皇帝对美国的态度发生了改变，还使得他在国民大会上原来准备反对美国的言论变成了向美国表示友好的声明，从而再次给南方分裂分子以重创。

威德返回美国以后，受到了美国人民的热烈欢迎。纽约市长代表美国公众对他所做的杰出贡献表示感谢。

之所以能够取得这样的成就，与威德的睿智是分不开的。智慧成就了威德，威德也成就了美国。这就是智慧的力量。

也许每个人追求财富和幸福的途径各不相同，但是，不管利用什么途径都应该学会思考。思考是解决一切困难的途径。不要每一步都被动地跟着别人走，或者，只是按部就班地做已经习惯了的事，这样只会使你步入生活的沼泽地而庸碌无为。无论在什么时候做什么事，都应该充分调动思维，把事情做到最好。

无论在商场还是生活中，能够取胜的永远都是那些有聪慧头脑的人，他们可以更好地发现机会，抓住机遇，因此也总会与幸运不期而遇。在当今社会，这一点表现得更加突出。竞争的激烈程度让我们更进一步体会到优胜劣汰自然法则的严酷性。聪慧是我们在竞争中得以生存的必要条件。要想拥有聪慧的头脑，就应该跳出一般人的思维定式，所谓"柳暗花明又一村"，变换一下思维的角度，或许就能有另一番别样的天地。

犹太人拥有全世界最聪慧的经商头脑，这也正是因为他们善于跳出一般人思维定式的原因。一位犹太父亲问儿子："一磅铜的价格是多少？"

儿子回答："三十五美分。"

"每个人都知道一磅铜是三十五美分，因此你应该说是三点五美元。"

多年之后，儿子接替父亲经营起了铜器店。后来，一磅铜曾经被他卖到三千五百美元，并逐渐建立了自己的公司——麦考尔公司。这一切，都源于他有着一颗聪慧的头脑，善于另辟蹊径。

头脑是致富最重要的资源，也是最稀缺的致富资源。只有认识到这一点，才能使智慧得到充分的开发，也才能获得一个成功的人生。

人格也是财富

有的人也许没有万贯家财，但因为有极高的人格魅力，所以身边总不乏朋友帮助。对于这种人来说，高尚的人格魅力就是财富。尽管这种财富不会直接给他们带来物质上的满足，但会引导他们走向成功。一个人要想具有长期而稳定的财富就必须学会做一个具有优秀品质的人。

一个人如果品行不端、德行恶劣便很难得到认可，事业上也难以有所进展。任何人要走向成功，都必须严格要求自己。假如不具备高尚的品格，财富之路就会失去支撑，失败也会成为必然，幸福当然更无从提及。唯有品质优秀的人才更容易获得持久的财富和幸福。

锤炼优秀的人格品质应该是贯穿于一个人一生的信仰。在人生的不同阶段，品质对于我们的要求有所异同，但是，"以德立身"的人生支柱不会变，对一个人的人格要求不会变。四大名旦之一的"梅派"创始人梅兰芳先生就是这样一位具有高尚人格魅力的千秋楷模。

他一生律己甚严。青少年时代经历了八国联军的侵略、辛亥革命、军阀混战和国民党的腐败，这让他更懂得了爱国。抗日战争时期，他蓄须辍演的举动，激励了许多爱国志士，表现了一个艺术家高尚的民族气节和可贵的爱国主义精神。著名画家丰子恺先生曾感叹："茫茫青史，为了爱国而摔破饭碗的'优伶'，有几人欤？"

1931年，"九一八"事变爆发，梅兰芳愤慨难当。当时，日本军国主义在东北筹建满洲傀儡政府，多次派人邀请他前去演戏，以示"祝贺"，但每次都遭到梅兰芳严词拒绝。梅兰芳于1935年应邀前往苏联，他坚决不乘火车经过伪满区，苏联只得特派"北方号"海轮绕道海参崴前往。为了鼓舞各界的抗日斗志，梅兰芳与叶恭绰等合编了《抗金兵》一剧。接着，又把《易鞋记》改编为《生死恨》演出。抗战胜利后，梅兰芳高兴得当天就剃掉了胡子，并在上海美琪大戏院重新登台演出。

梅兰芳不仅是一个优秀的京剧演员，更是一位爱国主义战士。在大是大非面前，他高尚的人格引领了中国人的民族自豪感，可以说，正是他的人格魅力才让更多的人认可了他，更认可了他的"梅派"艺术。一个人的人格决定了他在别人心目中的地位，而这又决定了他是否在他人心中具有威信。没有人愿意和一个不讲诚信、品德恶劣的人打交道，更没有一个人愿意帮助一个没有人格修养的人成就事业。所以，从某种意义上来讲，人格品质的高低是可以影响到一个人的事业的。

越是这样的商品社会，高尚的人格品质就越显珍贵。许多新兴的企业在一夜之间迅速崛起，并以强大的态势席卷着中国

　　的每一个角落，这不仅仅是因为它们具有强大的管理架构，更是因为它们的领导者是一些具有高尚人格品质的人，因此才能够吸引众多的人才。在企业这个舞台上，他们是整个舞台的灵魂和核心，是足以让所有演员进入状态的导演。在这样的领导者的带领下，一个企业没有理由不创造价值，没有理由不创造财富。人格是一笔无形的财富，它可以影响我们一生的发展趋势和状况。良好的人格不仅可以为事业增添砝码，还可以让我们赢得越来越多的尊重，从而使我们得到长足的发展。

　　我们要加强自身的修炼，事业才能有所进展。

培养精益求精的做事态度

财富的竞争从某一方面而言是一种态度的竞争。在当今的生产、生活中，所有的新生事物都会在一夜间被拷贝，产品与产品之间没有太大的差别，唯一有差别的就是谁的产品和服务更加细致周到，这是决定鹿死谁手的秘密所在。做任何事都应该做到最好，只有抱着精益求精的态度去做，才能在同样的起跑线上比别人跑得更快。

罗丹对于艺术的追求从来都是精益求精、一丝不苟的，他决不允许作品有不完美的地方。据说，当巴尔扎克纪念像完成以后，他的一位学生曾指着雕像的双手赞美道："老师，这双手太美了！我从来也没有见过雕塑得这么完美的手！"不料，罗丹听了这话以后皱起了眉头。他沉思了片刻后，突然抓起斧头，毫不犹豫地把那双"完美的手"砍了下来。

学生们都惊呆了，不解地望着老师。罗丹却神情严肃地说道："这双手的确太突出了！既然这双手已经有了自己的生命，它就不再属于雕像整体了。要记住：一件真正完美的艺术品，是没有任何一部分比整体更重要的！"这就是罗丹对待艺术的态度。也许换一个人这样的事就不会发生，有时，为了整体的利益，我们是要学会割爱的，只有这样，才能保证全局的完美。

今天，我们面临的是激烈的社会竞争，如果没有在事业上倾注心血，很可能会在激烈的竞争中被淘汰出局。财富之梦也会在一点点的差距下破灭。还记得加加林的故事吗？一个小小的脱鞋动作就让他成为第一个登上月球的人。他的竞争者中难道就没有比他更优秀的人吗？我想一定有。但是，他们都没有做到精益求精，没有将事情的细节考虑周密，所以也就错失了一个良机。

今天的海尔为什么能够冲出国门，走向世界？原因只有一个——精益求精。海尔的前身是由两个濒临倒闭的集体小厂合并而成的青岛日用电器厂，1984年全厂亏损一百四十七万元。在这个时候，张瑞敏调入该厂任厂长，同年企业改名为青岛电冰箱总厂。

张瑞敏在创造"海尔神话"的实践中，不断整理、升华自己的思想和经验，形成了许多富有哲理的经营理念，并把这些经营理念运用在实践中，创造出一个又一个奇迹。基于"名牌战略"的理念，创业之初，他曾提来一把重锤，让生产者亲手砸掉七十六台不合格的电冰箱，结果砸出了中国冰箱史上的第一枚国优金牌，也把"有缺陷的产品就是废品"的观念牢牢砸进了每一个海尔人的心里。基于"向服务要市场"的理念，他还向消费者作出了"海尔真诚到永远"的全方位承诺，完善了

"星级服务一条龙"的新概念，要求售后服务中心做到"电话铃响一遍有人接"，要求售后服务人员在用户家不抽烟、不喝水、不喝酒，让用户在使用海尔产品时毫无怨言。

基于"要么不干，要干就争第一"的原则，他订出了海尔的每一种产品在国内市场中的份额不低于前三名的目标，拿下了亚洲第一代四星级电冰箱、中国第一代豪华型大冷冻电冰箱、中国第一代全封闭抽屉式冷冻电冰箱、中国第一台组合式电冰箱、中国第一台宽气候带电冰箱、中国第一代保温无霜电冰箱、中国第一台全无氟电冰箱……并使海尔电冰箱成为亚洲出口德国第一、海尔空调成为国内出口欧共体第一、海尔洗衣机成为国内出口日本第一的同类产品……重锤砸出来的质量观念使"海尔"产品精益求精，不仅征服了国内用户，获得中国家电第一名牌的美誉，而且赢得了国外大量消费者的青睐，畅销北美、欧洲、中东、东南亚、日本等一百六十多个国家和地区。在德国，一家权威检测机构给海尔冰箱五项八个"+"的成绩，超过了所有德国同类产品，名列第一；世界环境保护组织对海尔的无氟节能冰箱评价颇高，说"世界多一个海尔，地球多一分安全"；在法国巴黎CLIMA博览会上，海尔的空调变频技术轰动了各国客商，形成了一股强劲的"海尔冲击波"。

这就是海尔精益求精的态度所发挥出的巨大作用。对于个人而言，没有精益求精的态度也是很难做出突出业绩的。在越来越激烈的市场竞争机制下，态度就决定成绩。只有具有精益求精的精神，你才能对自己严格要求，才能把事情做到更好。

精益求精不仅是敬业态度的体现，更是一个人有良好责任心的体现。因此，一个人只有做到精益求精才能得到别人的信任，也才能使自己获得更大的发展空间。只是，我们周围总是充满了这样的人，他们经常把"差不多"挂在嘴上。做事只要"差不多"就好，任务只要"差不多"就算完工。于是，就在一个个的"差不多"里，他们的生命被荒废了。

任何登上成功之巅的人无一不是在本行业里有极高造诣的人。而他们之所以会有今天的成就，除了拥有杰出的智慧以外，还因为他们有着一种严谨的工作态度，力求把每一项工作都做到最好。如果做事马马虎虎，才华再卓著，在执行的过程中也会大打折扣。成功，有时比得不是才华，而是态度。只有具有精益求精的态度，才能做到出类拔萃，从而令自己脱颖而出。

学习永不间断

现今，被誉为中国最具人气的"财富商帮"浙商们之所以能够在很短的时间内成为一支财富大军，就是因为他们当中有太多的人认识到了知识对于财富的作用。天外天伞业有限公司董事长徐海南曾说："我把学习称作充电、洗脑子，只有不断地洗脑，吸收新知识和养分，才能适应瞬息万变的市场，增强自身的抗风险能力，不断发展壮大。"任何时候，不学习、不知道给自己充电的人都会随时面临着被淘汰的危险。

李嘉诚在华人中几乎无人不知、无人不晓。他拥有巨大的商业王国，涉及多个行业。当别人问他如何取得今天的成就时，他曾这样解释成功的原因："靠学习，不断地学习，在知识经济的时代里，如果有资金，但缺乏知识，没有最新的讯息，无论何种行业，越拼搏，失败的可能性越大；但是有知识，没有资金的话，小小的付出就能够有所回报，并且很有可能达到成功。现在跟数十年前相比，知识和资金在通往成功的道路上所起的作用完全不同。"

　　从某种程度上讲，知识就等于财富。只有让自己掌握尽可能多的信息和各个方面的知识，才能更好地制定策略，抓住机遇。否则，就算机会近在眼前，你也会浑然不知的。知识的更新速度是惊人的，昨天的知识今天就成了过时的信息。抱定旧有的思想一定会落后于时代的潮流。终身学习在当今已成为一种潮流，也是我们在社会中得以生存的根本。

　　草原下，一头狮子正在沉思：明天太阳升起时，我一定要飞速奔跑，以追得上跑得最快的那只羚羊。与此同时，一只羚羊也在琢磨：明天日出之后，我一定要拼命奔跑，以躲过跑得最快的那只狮子的追击。弱肉强食，这就是生命的规则。想要生存，就必须不停地提升自己，只有这样，才能为自己争得一块立足之地。

　　清华大学教授钱伟长就曾对自己的学生说过这么一段话，"我出生在农村，家里很穷，因此中小学没有很好地念过……但是有一点是可以肯定的，就是大学毕业后，我没有停止过学习，我现在每天学习的时间还比你们多。每天晚上八点开始，这是我的学习时间，不到凌晨两点我是不停止学习的。那个时候，没有计算机，没有火箭，没有原子弹，按道理我对这些应该一窍不通。不过你们在学，我也在学，我全把它们学来了。我虽然不是这方面的专家，但我全懂，我是靠自学，靠不断地自学，所以学习是一辈子的事情……"

　　随着时间的推移，我们会感到以前所学的专业知识越来越不够用。为了更好地生存，我们别无他路，只有继续学习。在工作之余学习是非常必要的，特别是在离开校门以后，我们没有机会再去接受系统的教育，只能靠自学来不断地提升自己。被誉为民歌四花旦之首的祖海，涉足歌坛以来成就斐然，但她依旧没有忘记学习。她说："对于歌手来说，学习是一辈子的事情，我很庆幸遇到了金铁林老师。跟他学习，就像是海绵吸收水一样，越学习越觉得自己有很多欠缺。因此，毕业之后尽管演出繁忙，我总要定期找金老师上课，这个习惯一直坚持到现在。"

我们应该很清醒地认识到当今社会的发展速度和发展要求。知识现如今已扮演着越来越重要的角色，掌握了知识，也就等于取得了通往成功之门的钥匙。对于志在成功的年轻人来讲，更要认识到这一点。如果你不思进取，那么迟早会退出这个舞台，更不用说有所作为了。

获取知识的途径多种多样，生活当中处处充满着智慧，只要你肯用心，就可以体会到其中的奥秘。当你懂得处处学习，不断提升自己时，你离成功的顶峰也就不远了。

营造自己的"关系网"

罗文是一位青年演员。他英俊潇洒，很有表演天赋，演技也很好。受职业因素的影响，为了提升自己的知名度，他需要有人为自己进行包装和宣传以扩大影响力。因此他需要一个公共关系公司为他在各种报纸杂志上刊登自己的照片和一些有关他的文章，增加他的知名度。但是，要组建这样的一家公司来为自己做宣传显然是不太可能的，因为他拿不出那么多的钱。

偶然的一次机会，他遇上了李莉。李莉曾经在一家大型的公共关系公司工作了好多年。她不仅熟知公司业务，而且也有较好的人际关系网。几个月前，她自己开办了一家公关公司，并希望打入公共娱乐领域。但一直苦于找不到演员同自己合作，所以经营很惨淡。就这样两人一拍即合，互取长短，联合干了起来。罗文成了她的代理人，而她则为他提供出头露面所需要的经费。

罗文是一名英俊的演员，并正在一些很有分量的电视剧中出现，而李莉便让一些较有影响的报纸和杂志把眼睛盯在他身上。这样一来，她的公司很快就吸引了一大批人的关注。他们付给她很高的报酬。而罗文不仅不必为自己的知名度花大笔的钱，而且随着名声的增长，也使自己在演艺圈里的地位步步高升。

在追逐财富的过程中，仅靠个人能力，你也许可以小有成就。但是，要有更大的成就需要与他人相互合作。众人拾柴火焰高，只有学会与他人合作，学会充分利用手中的人际资源，才会取得成功。也就是说生活中我们应该学会积极地营造自己的关系网，用自己的真诚换取别人的信任和无私的帮助，为事业增添成功的砝码。

合作产生力量。西点学员，后来成为西尔斯公司第三代管理者的罗伯特·伍德说过："不论再强大的士兵都无法战胜敌人的围剿，但我们联合起来就可以战胜一切困难，就像行军蚁（美洲的一种食人蚂蚁）一样把阻挡在眼前的一切障碍消灭掉。"据一项调查显示，以前的诺贝尔奖获得者还有单兵作战的，但是后来几乎都是整个团队在通力合作。因为随着知识更新速度的加快，几乎没有人可以单独掌握自己所需的全部知识，而相互合作就成为做事成功的关键。

新华联集团董事长傅军就是因为结交了许多可以值得信赖的朋友而取得成功的。他做外贸的时候，在海外认识了一些朋友，其中有一个名叫曾钦泉的马来西亚华侨。在他决定下海以后，就问这位华侨，我们到马来西亚去办个公司做贸易，你看行不行。那位华侨说："生意应该还是有的做的，就看你怎么做。你们来，开始的时候，住我这里，吃我的，没问题。"在这位华侨的帮助下，他来到了马来西亚，第一个月，就做成了一笔生意，为什么这么容易？用傅军的话说就是："实际上在国内我也有很多朋友，这些朋友是各个企业的老总、各个外贸公司的老总，他们一看我下海了，都考虑与我做一两件生意。只要价格合理，质量有保证，实际上没有什么风险。"

一个人的成功离不开朋友的帮助。任何时候都不要忘记朋友在你生命中的作用。用心去营造自己的关系网，你的世界才会因为朋友的介入而不断地扩大。

那么，如何才能与人结交，使人脉关系越来越广呢？

首先，学会以诚待人。真诚是建立友谊的基础。没有真诚的友谊只会成为空中的楼阁，没有存在的意义。真诚就要求我们要卸去伪装，向他人展示真实的自己。也许你并不完美，但世上本就无完美之人，刻意的伪装只会让你失去别人的信任。所以倒不如以真面目示人。而你的真诚，也一定会获得对方的认可。

其次，学会宽容。人与人相处，难免会产生一些摩擦。这时，我们就要学会宽容。宽容是人与人相处的润滑剂，没有它，我们之间就会产生更多的摩擦，更多的误会。人无完人，每个人都有缺点，所以又何必求全责备。以一颗宽容的心来包容对方，只有这样才可以赢得对方的信赖和尊重，友谊也可以长存。

最后，乐于助人，及时向处于困境中的人伸出援手。每个人都有遇到困难的时候，这时，你及时向对方伸出援手，一定会获得他的感激和尊重。如果你对别人的困难置之不理，甚至落井下石，恐怕是很难获得友谊的。任何人都希望结交一个有爱心的人，他们会给人一种安全感。乐于助人的人也一定会得到他人的相助，从而使自己做起事来更加得心应手，在事业上也会取得更大的成就。

在生活中，我们是一些微弱的个体，许多事单靠个人的力量根本就无法解决，唯有在生活中诚恳地对待朋友们，才可以在需要的时候得到朋友无私而有力的帮助，从而使自己的事业上升到一个新的高度。

教养是财富的基石

教养是文明社会的道德基石。良好的教养，有助于获得周围人的认可，有助于创造积极和谐的氛围，也可以为财富的创造打下坚实的基础。

教养的基础，是理解和尊重他人，同时不妨碍他人。不是随心所欲，更不是唯我独尊。教养是善待他人、善待自己。和一个有教养的人一起共事和生活，常常会使我们觉得如入兰香之室，身心愉悦畅达。教养是一个人内在精神和气质的体现。有教养的人，不严而威自具，不傲而气自存，坦坦荡荡，清明澄澈，其气犹如山涧之水，不仅外具甘泉之姿，而且内具甜洌之质。他们理解并尊重他人，同时严于律己。即使有可炫耀之处，也绝不引人注目，人们绝不会在公共场合听到他们大声喧哗，更看不到他们在无人看管的公共场所随意而为。真正的教养不是做给别人看的，而是人格高尚的自然体现。真正有教养的人有一颗因为热爱自己而热爱他人的心灵。因为他们能够体会到自己的需求，所以也常常能够尊重他人的需求。你会看到一个有教养的人时时处处都在尊重着自己也在尊重着别人。

记得有一次，我和几个朋友在北京植物园游玩，大家席地而坐，听着音乐，喝着啤酒，感觉就像是一个温馨家族的大聚会。正当大家兴致勃勃之时，在离我们不远的地方，有一个五六岁的小男孩正在将自己手里的果皮扔到垃圾桶里，当他看到垃圾桶周围还有别人没有扔进去的垃圾时，便主动把那些垃圾一点点地扔到垃圾桶里。而当时，他穿戴入时而不失得体的父母就远远地看着他，这个小男孩做完了这一切之后，回到了父母身边，我看到那位母亲掏出湿巾温柔地给小男孩擦拭被弄得脏兮兮的小手，而他的父亲则很绅士地夸奖着儿子所做的一切。那一刻我被深深地感动了，也知道了什么叫教养。那是一种不俗的生活品位和习性，一种源自高贵心灵的需求和表达。

有教养的人是令人尊敬、让人愉悦的；有教养的人是说话有分寸、不会粗俗无礼的；有教养的人是端庄大方、不做作、不轻浮的；有教养的人是真心赞美他人而不会嫉妒他人的……

教养如水注杯，可以很好地调和人们心灵的不适，使我们褪尽人性弱势之浮华，彰显心灵的自然之美。美国开国总统乔治·华盛顿，刚满十岁时，父亲就去世了。但父亲的优良品格却影响了这位未来的美国总统。他曾立志要做像爸爸那样的人。当他年满十五岁时，为了让自己养成良好的习惯，做一个有教养的人，他为自己定下了做人的规则，并遵照执行。我们不妨来看看他的这些规则：

第一，听别人谈话时，眼睛要温和地注视着对方的眼睛，诚恳地听从教诲。

第二，不能当着众人的面，挖鼻孔、掏耳朵。

第三，吃饭不要弄得刀叉乱响，咀嚼也不要发出声音。

第四，当别人坐着时，不得私自坐卧；别人止步时，不得抢前行走。

第五，应该选择生性善良者为友。

......

这些小规则看似并不重要，但却成了他以后受人爱戴的原因之一。修养是一个人对待生活的态度和自身魅力的体现，也是一个人成功的主要原因之一。我们的身世是不能选择的，但是心灵却可以荡涤。努力做一个有修养的人，不要让自己和浊物混同。唯有我们自己首先做到这一点，才能够吸引道德高尚的人与我们相处，才能够让那些优秀的人引领我们走向更广阔的人生舞台。

培养对信息的敏感

　　财富从某一个角度而言是讯息价值的再现。没有有价值的信息，你永远都不能抓住最佳的出击时机，也永远不会有赢得财富的机会。这就如猎人要诱捕猎物，必须看好时机，做好准备，然后迅速出击才能获取猎物。在获取财富的整个过程中必须要保持对讯息的高度敏感，不让任何一个机会白白溜走。

　　美国实业家亚默尔获取信息的途径是看报纸。一天，他像往常一样在办公室里看报纸，一个个小标题从他的眼前溜过去。突然，他的眼睛停在了一条几十字的短讯上：墨西哥可能出现了猪瘟。他立即想到：如果墨西哥出现猪瘟，就一定会从加利福尼亚、德克萨斯州传入美国。一旦这两个州出现猪瘟，肉价就会飞快上涨，因为这两个州是美国肉食生产的主要基地。

　　当墨西哥发生猪瘟的消息得到证实以后，他便立即动用全部的资金大量收购佛罗里达州和德克萨斯州的肉牛和生猪，并很快把这些东西运到美国东部的几个州。

不出亚默尔的预料，瘟疫很快蔓延到了美国西部的几个州，美国政府有关部门下令一切食品都从东部的几个州运往西部，亚默尔的肉牛和生猪自然在运送之列。由于美国国内市场肉类产品奇缺，价格猛涨，亚默尔抓住这个时机狠狠地发了一笔大财，在短短的几个月时间内，就足足赚了九百多万美元。

亚默尔之所以能够赚到这样一大笔钱，关键就在于他比别人更敏感于信息的作用。他比别人更深刻地看透了这一消息背后隐藏的有利时机。能否抓住一个有用的信息，并充分发掘出信息的最大价值决定了收获的大小。

生活中有很多人不能抓住机遇致富，常常是因为他们对于信息不够敏感。当初德国物理学家伦琴有一次在研究阴极射线管的放电现象时，偶然发现放在旁边的一包密封于黑纸里的照相底片走了光。他分析可能有某种射线在起作用，并把它称为X射线。经过进一步实验后，这一设想被证实了，于是X射线被意外发现。伦琴也因此于1901年获得了首届诺贝尔奖。那么，在伦琴前面就没有人发现这个事实吗？不是，有不少人曾经有过这样的机遇，如1890年的美国人兹皮德以及1892年德国的另外一些物理学家都曾遇到过同样的情形，但他们都把这一意外忽视了，因此错过了发现X射线的机会。

只有掌握尽可能全面的信息，才能对事物的发展做出更为科学的分析，才能更好地寻找并抓住机遇。这就要求我们一定要做到对信息有敏锐的洞察力，只有这样才可以做出科学的判断和决策，减少失误，获得成功。

当然，培养对信息敏锐的洞察力，并不是让人们对任何事都要敏感，而是围绕目前在做的工作，有的放矢。只有这样，才能有所创造，有所成就。

人的一生中，总会碰到各式各样的机遇，假如你对周围的事情不感兴趣，没有细心、持久地去思索，那么，即使机遇降临了，也无从知晓，我们在生活中应该注意保持敏感度，留意观察周围的事物，并善于利用这些信息为自己服务。成功只属于那些有准备的人。只有时时准备着，你才可以抓住转瞬即逝的机会，从而成就自己的人生。

第二章 历练财富心态

永远都不惧怕失败

　　每个人都是在创造财富的过程中走完这一生的。只是在这个过程中有的人创造了巨大的财富，有的人却没有创造多少财富。那些创造了巨大财富的人之所以有很大的成就不仅仅是因为有机遇，还在于他们是用生命去做自己的工作，他们不会向失败和困难低头，即使倒下了，也会站起来，他们的财富心态造就了成功。

　　史玉柱的大起大落就是一个很好的例子。他发家靠的仅仅是一套很小的电脑软件，在其不断的更新升级过程中，他的事业也以跳跃式的方式前进。随后他用了大量的资金建设了巨人大厦，令人佩服的是这个当初耗资几十亿之多的工程，居然没有向银行借款，这在那个时代确实是难能可贵的。

　　但是，巨人大厦"倒塌"了，那段时间对于史玉柱来说，是最灰暗的日子。这次失败意味着史玉柱所拥有的一切都将成为过去，他必须从零开始。如果是常人，也许会选择放弃。但是，史玉柱是一个有着坚强意志的人，他不会随便被困难击倒，他收拾心情重新开始。他一直坚持着理想与追逐，他独特的人格魅力使员工在自给自足的情况下与他并肩奋战，而后脑白金市场的待续升温，又给史玉柱迎来了新的春光与生机。

如今的史玉柱和几家商业私有银行强强联手，做属于自己的网游，也一样做得有声有色。他的大将风度与不畏失败的精神，让他在财富的路上永远向前看。而作为一个成功者也必须拥有这样的精神和态度，只有这样，才能支撑着你克服困难一直向前，从而使自己的道路越走越宽。

如果你要在这个世界上生存，而且还想活得好一点，必须要有与之对等的能力。最起码不能在心理上输掉自己，这是获得成功的最坚实的心理基础。财富只会被那些能够驾驭它的人激发出价值，就如好马只会被那些能够驾驭他们的人驯服一样。

希尔顿没经商以前生活非常贫困，为改变艰难的处境，他离开了农场，沿着镇里的店铺挨家访问，想谋求一份店员的工作，然而，老板嫌他没有销售经验，不愿意雇用他。后来，他来到一个小副食店，老板只同意给他提供食宿，没有薪水。再后来，他到了一家布料店，老板不让他接待客人，让他大清早到店里升炉火，然后擦窗子、送货，半年内不能领薪水。他说："我在农场工作了十年，才存得了五十美元，这些钱只能维持三个月的生活费用，那么至少从第四个月开始，请付我日薪五十美分吧！"老板答应了，但条件是每天必须工作十五小时，也就是每小时薪金三美分。他一次次地承受着生活给予他的压力，但是，事业却在那个时候起步了。一年之后，他用借来的三百美元，开设了一家商品零售店，销售的全是五美分的货物。十几年后，他建造了当时世界第一座高楼，即伍尔沃斯大厦。几十年之后，希尔顿又以七百万美金买下了阿斯托里亚大酒店的控股权，他以极快的速度接管了这家纽约著名的宾馆，并很快使之进入到正常的运营状态。

希尔顿的经商头脑是无与伦比的，他不会放过哪怕是一点点没有充分利用的空间。有一天，他在酒店大堂前停下来，注视着大厅中央那些巨大的通天圆柱。他想，既然这四个空心圆柱在建筑结构上没有支撑天花板的力学作用，那么，它们还有什么存在的意义呢？于是，他叫人把它们迅速改造成了四个透明的玻璃柱，并在其中设计了漂亮的玻璃箱。这一构想使四根圆柱不仅具有了装饰性，而且还发挥了它们应有的商业作用。没过几天，那些机警的纽约珠宝商和香水制造厂家便把它们全部租下来，并把产品摆了进去，以增加他们的品牌效应，而希尔顿则坐享其成，仅这四根玻璃柱子每年都能收回许多租金。

从史玉柱和希尔顿的成功之路看来，一个人的成功永远都不可能一帆风顺，能够在失败和困境中坚守目标的人，以后的路才会越走越好，才会迎接美好的人生。不要在失败和困境中给自己无法成功的暗示，否则，永远都不可能获得想要的结果。

不做金钱的奴隶

2015年"炒股热"急剧升温,各种媒体称这种现象叫作"全民炒股"。是不是所有的人都适合炒股,那就值得怀疑了。有些人一旦进入股市心理就会呈现出急剧的不安,股市的涨落对于他们而言,就是牵动着身家性命的一种涨落,这样的人就不适合炒股。要想拥有金钱就先要有良好的金钱观。

我身边的一位同事向来就是一个心态平和的人,跟着炒股热,他也想小试身手。虽然入市不久,但轻松买了好多个涨停板的股票,让我们羡慕不已。问他有何心得,他说:"其实主要不是想靠它发财,只是想了解一下股民的生活,还有就是提醒自己,在年轻的时候有一点理财观念。"入市归入市,他却有自己的炒股原则:"正因为不是想一夜暴富,所以心态就好,跌跌涨涨没什么大不了。好多人因为炒股赚了不少钱,我真的为他们高兴。可是谁要是因为炒股而影响了工作那就叫价值观的扭曲。别当金钱的奴隶,事业才是最重要的!"

后来,我们问他到底有啥秘诀可以接连买到涨停板,他说："我从来不分析。只是觉得是自己的幸运数字就会买。我一般自己做决定而不会受他人影响，而且炒股很怪，都是新手好赚钱，那些什么都懂的反而赚不多。"如果一定要说技巧，他说就是买可以让自己放心的股票，比如钢铁股、银行股、电力股。这些股票一来波动不大，不会有太大的风险；二来也可以让自己自然而然地去关心国家大事。当然，因为股市有固定的时间表，这样一来自己的生活也变得有规律起来。所以，炒股可以培养一个人独立的经济意识和生活观念，也是一种时尚的生活方式和态度。

这位同事的炒股心态和成就给我们许多启发。但是生活中许多人往往做不到这一点，他们总是被金钱掌握，那些期望在股市的涨落中一夜暴富者大有人在，可他们的运气往往不好，这就是所谓的期望越大，失望越大。

对待金钱，应该有一种平和的心态。当然，作为提高生活水平必不可少的物质基础，金钱给我们带来一种生活上的安逸，还有心理上的满足，是提高我们生活质量的保证。但这并不意味着它会成为生活的全部。如果把追逐金钱作为我们生活的唯一目的，那么就会沦为金钱的奴隶，生活也会因此而变得空虚起来。

一个真正成功的人会把事业当成生命的全部，金钱只是作为生存的一种物质保证存在，而不会成为生活的全部内容。有时，我们甚至应该将其看得更加淡薄一些，避免陷入欲望的陷阱。

在追逐金钱的游戏中，没有人愿意做一个失败者，但是急于胜利的心态占据了所有的"希望空间"，一旦这个空间有什么闪失，就等于失去了所有的希望。因此有人说，人类百分之七十的烦恼都跟金钱有关。当一个人面临金钱的考验时，他的个性会明显地反映出来。那些只为钱而活着的人，只会在金钱面前变成奴隶而错失另外一种有价值的人生。

是的，实际生活中，财富对于每一个人都具有一定的诱惑力。正是因为这种诱惑，人们才去努力奋斗，去创造财富，从而在实现自己价值的同时推动了历史的进步，这是金钱带给我们的积极意义。但是，有些人在金钱面前失去了正确的心态，或是利用手中的权力攫取金钱，或是不顾一切抢劫金钱，或是靠欺骗发不义之财，这些人都是因为不能正确面对金钱，而沦为金钱的奴隶。所以，他们的结局也只能是被金钱送入绝境。

让我们平静一下过于热衷于金钱的头脑，用一种平和的心态来面对它，只有这样，才可能获得一个富足而又充实的人生。

不要为了金钱出卖自己

孔子说："饭疏食饮水，曲肱而枕之，乐亦在其中矣。不义而富且贵，于我如浮云。"这是孔子的金钱观。他意在说明一个人可以追求金钱，但是，不能为了金钱出卖自己的灵魂。因为，不义之财即使在手里，也不会带来安心和舒适，定会受到良心上的谴责，更逃不掉正义的叩问。

李嘉诚这个商界的传奇人物，一生的故事因极富传奇色彩而显得非常吸引人。少小离乡，幼年丧父，从一无所有、赤手空拳，到三十岁成为千万富翁，再到今天的商业帝国遍及全世界，这位华人首富能有今日的成就，靠的是什么？李嘉诚援引《论语》说："不义而富且贵，于我如浮云。"

时至今日，社会环境已与多年前李嘉诚奋斗时有很多不同。有些人为了谋取个人私利而不惜损人利己，甚至超越法律的底线。这样只会对我们的个人发展带来不利影响，是属于"杀鸡取卵"的短见行为。李嘉诚说过："我绝不同意为了成功而不择手段，即使侥幸略有所得，亦必不能长久，如俗语说

'刻薄成家，理无久享'。"任何财富的积累，都应该建立在公平的基础上，否则，这种财富便不会长久。

人心是公正的。我们只有秉承这一原则才可以在社会上立足、正身、成事业。李嘉诚事业上的"信"与他对人的"诚"是分不开的，而诚信相合，即为"义"。这一点，他属下的员工感触颇深。

在李嘉诚的公司里，曾经有一个工作了十多年的中级会计，因为患了青光眼，而没有办法继续工作，此时公司规定限度的医疗费用都已用完了，生活压力之大，可想而知。李嘉诚知道后，说了两句话，"第一，我支持你去看病；第二，不知道你太太的工作是否稳定，如果她不稳定的话，可以来这里工作，我可以担保她一份稳定的工作。你太太有一个稳定的工作，你就不用担心收入和生活了。"

后来那位患病的会计接受了医生的建议，到新西兰去疗养。事情本来应该过去了，然而难能可贵的是，多年来，每当李嘉诚在报纸上看到有关于治疗青光眼方面的文章，就会叫下属把那些文章寄往新西兰，寄给那位患有青光眼的会计，看看他知道不知道这个消息，知不知道这些新的治疗方法。那个会计的全家都很感动，他的孩子们都很小，可能还不到十岁，但是孩子们自己用手画了一个祝福卡，送给李先生，一张薄薄的卡片，说的却是一个大写的"人"字。

如果说，从对子女的教育上，最能看出一个人的为人和心中的想法的话，李嘉诚的话也许就能给我们很多启示，他说："以往都是百分之九十九教两个儿子做人的道理，现在有时会谈论生意，约三分之一谈生意，三分之二教他们做人的道理。因为世情才是大学问，我年纪小的时候，已知道应认识哪些人和长幼之序，如何教导'给予'。世界每一个人都精明，要令人家心服和喜欢与你交往，那才是最重要的。我经常教导他们，一生之中，对人要守信用，朋友之间要有义气。今日而言，也许很多人未必相信，但我觉得'义'字，是终身用得着的。"

我想，李嘉诚的成功不仅源于他有一个很好的头脑，还因为他有别人无法企及的人格。正如那句话："小赢靠智，大赢靠德。"可以说李嘉诚的一生就是在不断验证这一句话的正确性。

其实，面对财富没有人是迟钝的，但是，做人应该有做人的原则，不要为了金钱出卖自己的灵魂，唯有通过正当途径得到的金钱才会给你带来真正的快乐和更多的财富。

相信自己

在一次演讲会上，一个著名的演说家信步走上讲台。他一句话也没说，只是在手里高举着一张崭新的100美元的钞票。

台下坐着的人感觉很意外，都不禁露出了惊讶的表情。只听他开口问道："谁想要这100美元？"

随着他的话音落下，一只只手举了起来。

他接着说："我想把这100美元送给你们中的一位，但在这之前，请准许我做一件事。"说着话，就见他将钞票揉成了一团，然后又把它举在手中问："现在谁还要呢？"

他刚说完，就见又有人举起手来。

他并没有马上将钞票送递过去，而是接着又说："那么，假如我这样做又会怎么样呢？"说着他把钞票放到地上，然后用脚踩来踩去，一直到它变得面目全非为止。最后，他拾起那张又脏又皱的钞票，拿在手里继续问："现在还有人要吗？"

仍然有人高高地举起手来。此时，台下的人开始交头接耳起来，都不明白演说家此举是何用意。

演说家在台上眼角含笑地望着大家，说："朋友们，你们都很棒。你们刚才上了一堂十分有意义的课。你们已经看到，不管我怎么对付这张钞票，大家还是想得到它。因为在我们的眼中，它始终是100块钱，它是有价值的。我们的人生也如这张钞票。在通往成功的路上，我们会无数次被困难击倒，甚至碾得粉身碎骨。许多时候我们会觉得自己毫无用处。但无论发生什么，或将要发生什么，在上帝的眼中，我们都是他最得意的杰作，我们因此也都有自己的价值。在上帝看来：肮脏与否，新旧与否，都不能磨灭你是杰作的特性。"

我们自身的价值，并不取决于任何外界的情况，而是取决于我们对自己的信心！自信的人身上具备一种可以战胜一切的力量。这种力量可以吸引财富并让财富反过来巩固一个人的自信。有些人不富裕不是因为他没有才能，而是因为他不够自信。

就以蒙提·罗伯兹的例子来说吧！蒙提·罗伯兹的父亲是位马术师，他从小就必须跟着父亲东奔西跑，一个马厩接着一个马厩，一个农场接着一个农场地去训练马匹。由于经常四处奔波，他的求学过程并不顺利。初中时，有次老师叫全班同学写报告，题目是"长大后的志愿"。那晚蒙提洋洋洒洒写了七张纸，描述他的伟大志愿，那就是拥有一座属于自己的牧马场。他画了一张农场的设计图，上面标有马厩、跑道等的位置，然后在这一大片农场中央，还设计了一栋占地四千平方英尺的豪宅。

他花了好大心血把报告完成，第二天交给了老师。两天后他拿回了报告，第一页上打了一个又红又大的F，旁边还写了一行字："下课后来见我。"

蒙提下课后带着报告去找老师："为什么给我不及格？"

老师回答道："你年纪轻轻，不要老做白日梦。你没钱，没家庭背景，什么都没有。盖座农场可是个花钱的大工程；你要花钱买地，花钱买纯种马匹，花钱照顾它们。你别太好高骛远了。你如果肯重写一个比较不离谱的志愿，我会重打你的分数。"

蒙提回家后反复思量了好几次，然后征询父亲的意见。父亲只是告诉他："儿子，这是非常重要的决定，你必须自己拿主意。"

考虑再三，蒙提决定原稿交回，一个字都不改。他告诉老师："即使拿个不及格的分数，我也不愿放弃梦想。"

蒙提后来真的拥有了农场和占地四千平方英尺的豪华住宅，而且那份初中时写的报告至今还留着。

后来那位老师带了三十个学生来蒙提的农场露营。离开之前，他对蒙提说："说来有些惭愧。你读初中时，我曾泼过你的冷水。这些年来，我也对不少学生说过相同的话。幸亏你有信心坚持自己的梦想。"

蒙提的成功证明了信念的伟大力量。在我们生活的周围，也许经常会遇到给我们泼冷水的人。别人的言论可以听也可以不听，这些言论也许有一定的道理，关键要看你是否能够判断它的正确性，是否能坚持自己的信念。

在对待金钱的问题上，自信更是决定一个人成功的因素。

有一位股票投资者，做了十多年股民。由大户室做到中户室，由中户室做到了散户大厅，到最后连散户大厅也不去了，因为他"不玩股票了"。

他之所以一年不如一年，是因为他不相信自己。据他后来说，他买的任何一种股票，其实都可以赚钱，甚至可以赚大钱，但他却总是赔钱。原因在于，他买了一只股票，没过多久就跌了，但他舍不得将其抛出，想着既然有跌就有涨，期待着自己的股票能够涨起来。加上身边的人也劝他等等再说，他就没有将这些股票抛出去。的确，这些股票后来也有了上涨的迹象，这时他就更不愿意抛出去了，心想说不定还能再涨一涨。确实也有如他所愿的，可他还不出。但股票市场，有上涨必然就有下跌。股票又开始下跌了，他急得团团转，并找了一些金融界的朋友帮他分析，结果，那些朋友都安慰他不用担心，于是他听信别人的话没有卖出，就这样把账面上赚的钱一点一点地又还回了市场。就这样，他在股票市场上败得一塌糊涂。

人大多数的时候是应该相信自己的。别人给你的建议是从别人的认识角度出发的，对于自己而言，你最清楚自己的能力和潜力。如果连自己都不相信自己，处处跟着别人走，就会失去个性的独立。连独立性都难于保持的人，也很难会获得成功了。这样，即使有成功的机会，收获也不会太大。只有相信自己，走自己的路才会有完全属于自己的收获。

冷静看待输赢

世界上的大多数人赢得起，但输不起。他们能够坦然接受一切美好的事物，但是一旦遇到一些不利的事情就难以应对，甚至不能忍受短时间内的一点委屈，这样的人永远都不可能成为一个有巨大成就的人。世界上没有无责任的权利，也没有无权利的责任。实际生活中，越是有成就的人越是要承受更大的责任和危险，这就意味着他们必须要有超乎常人的心理承受能力，赢得起更要输得起，才能够承担巨大财富。

在财富的角逐中。假如没有一个良好的心态，就不能正确处理输与赢的关系。如果你仔细观察那些成功的人士，就会发现他们都有着积极的人生态度，有赚钱的动机，富理财能力，勇于为结果承担责任，同时还具备控制风险的能力和耐心，这两个关键因素决定了他们对技术因素和市场有一个很好的理解，有能力做出毫无偏差的选择，有能力独立思考，而失败的交易者则常常显得紧张，所以，他们很容易做出错误的判断和决策，他们常常是悲观主义者，而且善于推脱责任，极少能够建立起自己的做事原则。

战场上无常胜将军，生意场上也没有总赢不亏的买卖。赢的时候开心，输的时候也要坦然面对。但是，我们中间的大多数人却没有这种心态，赢的时候喜形于色，一旦输了便面红耳赤。这样的人永远都不可能得到丰厚的回报，他们拿得起放不下、目光短浅、小肚鸡肠，即使是机遇临头，也会因为肚量狭窄而容不下财富。做任何事都不可能一帆风顺，赢得起也要输得起。有时候挫折也是财富，看你怎样去看待它。其实很多时候人是经历了挫折，才会成熟，才能得到成长的。

人生本就是一场赌局，它的结果甚至比直观的赌局更残忍。直观的赌局我们还有选择是否参与的权利，但人生却由不得我们选择。我们在人生的道路上摸索前进，百转千回仍旧不知道前方的路。既然我们都不能决定赌局的胜负，何不微笑着来这一局。至于输赢，冷静看待。何必在意太多？如果我们能够换一种心态、换一种思路，也许还能走出僵局，开拓出一个更加广阔的天地。

追求不止

从美国的淘金热引出的一则寓言说，青年农民达比因为不能忍受贫穷的折磨就卖掉自己的全部家产，来到科罗拉多州和其他的人一样去追寻自己的黄金梦。他围了一块地，用十字镐和铁锹进行挖掘。经过几十天的辛勤劳动，他终于看到了闪闪发光的金矿石。因为继续开采必须要有机器，他只好悄悄地把金矿掩埋好，暗中回家凑钱买机器。

当他费尽千辛万苦弄来了机器，继续进行挖掘时，不久就遇到了一堆普通的石头，达比认为金矿枯竭了，原来所做的一切将一钱不值。他难以维持每天的开支，更承受不住越来越重的精神压力，只好把机器当废铁卖给了收废品的人，"卷着铺盖"回了家。

收废品的人请来一位矿业工程师对现场进行勘察，得出的结论是：目前遇到的是"假矿床"。如果再挖三尺，就可能遇到金矿。收废品的人按照工程师的指点，在达比的基础上不断地往下挖。正如工程师所言，他遇到了丰富的金矿床，获得了数百万美元的利润。

达比从报纸上得知了这个消息，气得顿足捶胸，追悔莫及。

这个故事很清楚地说明了一个道理，无论做什么事情都不能半途而废。如果你当初选择了一个正确的目标，就应该坚持不懈地干下去。当然，选择一个正确的目标并不是一件简单的事情。但是，一旦选择了就不该有所畏惧，否则，到头来只会白忙一场。因为，不管做什么事，都会遇到困难。如果你浅尝辄止，一遇到困难就退缩，也肯定不会做出什么成绩。

"锲而舍之，朽木不折；锲而不舍，金石可镂。"成功与失败往往只有一步之遥，有时成功比的不是机遇，不是智慧，而是谁更能坚持。但是大多数人往往是在最关键的时候缴械投降的，他们这样做不但输掉了开始的投资，更丧失了经由最后的努力而发现宝藏的喜悦。生活中许多人之所以能够获得财富不在于他们比别人更聪明，而在于他们比别人更能够坚持。

杨军年轻时是一家人寿公司的推销员，他每天到处奔波拜访，可是连一张合约都没签成。两个月的时间，他没有领到一分钱的薪水，就算他想节约一点过日子，仍然不能保证他最基本的生活费。到了最后，已经心灰意冷的他就同太太商量准备不再继续做保险行业。谁知妻子却含泪鼓励他说："一个星期，再努力一个星期看看，如果真不行的话……"

第二天，他又重新鼓起勇气到一位校长家拜访，这次终于成功了。后来他描述当时的情形说："我在按门铃的时候提不起勇气的原因是，已经来过七八次了，对方一定觉得很不耐烦了，这次再打扰人家，对方一定没有好脸色给我看。哪知道顾客这个时候已准备投保了，可以说只差一纸合约而已。假如在那一刻我就这样放弃，我想那张合约也就签不到了。"

签了那张合约之后，他的运气似乎来了。接连做成了好几个保单。而且投保的人也和以前完全不同，他们都是主动投保。许多人的自愿投保给他带来无比的勇气。一个月之内他的业绩一跃而起。从那以后，他干这份工作就越来越顺手。并且在很短的时间内掌握了保险行业的规律。如今，在保险行业他已经成了一个很有名气的人物。

你可以不比别人聪明，但至少要比别人更能坚持。只要多一份坚持，多一份忍耐，就会得到别人得不到的成果。

耐心做好量变工作

　　没有人不怀抱理想，希望自己做得更好、获得更多，但是，如果没有做好所有的准备工作，就很难一步登天。那些商界黑马一定是在最隐秘的地方做好了量变的准备之后，才以迅雷不及掩耳之势超过他人，一跃成为财富巨子的。

　　因此，一个人只有学会等待，并努力为成功的到来做好准备，才会获得成功。假如你忽视成功前的积累过程，终其一生也只会碌碌无为。所以说，有了追求还应该有计划，你必须明白你什么时候该做什么，如何做，只有在正确方向的指引下，再加上自己的努力，才可获得成就。

　　通往成功的道路总是布满荆棘的，对此应该做好充分的思想准备。如果你没有一定的毅力和耐心，浅尝辄止，最后也只能失望而回。在追逐成功的过程中，必须真实地规划未来。比尔·拉福的父亲是洛克菲勒集团的一名高级主管，在商界打拼多年，对经商了如指掌。也许是受父亲的影响，比尔·拉福在中学毕业时就决定经商，他渴望成为一个优秀的商人。知子莫若父，父亲发现儿子有商业天赋，机敏果断，勇于创新，这些品质正是作为一个成功商人所必需的。但他同时也感觉儿子没有经过太多的磨砺，缺少知识，更缺乏经验。于是他和儿子进行了一次长谈，与他一起分析自身的优劣势，并一起描绘人生的蓝图。

拉福听从了父亲的忠告，大学没有去读贸易专业，而是选择了最基础、最普通的专业——机械制造。可以说这是他们父子走的绝妙的一步棋。因为在商业贸易中，工业商品占据绝大多数。如果一个人没有这方面的基础知识，不了解产品的性质和生产制造情况就很难在贸易中取得成功。而且，工科的学习不仅可以培养知识技能，还有助于建立一套严谨求实的思维体系，训练人分析、推理方面的能力，使人对工作具有脚踏实地的态度。这些素质对经商有很大的帮助。

就这样，彼尔·拉福在麻省理工度过了四年的本科学习阶段。当然，他没有局限在本专业，而是广泛地接触了商业贸易的许多课程。

大学毕业后，他没有立即投身商业贸易，而是按照原来的计划，开始攻读经济学硕士学位。在芝加哥大学为期三年的经济课程学习期间，他掌握了经济学的基础知识。深入了解了经济规律，并认真学习了经济法律，侧重于学习微观经济活动及管理知识，尤其对财务管理更为精通。

几年下来，他已具备了经商的所有素质。令人感到意外的是拉福拿到了硕士学位后依然没有投身商海，而是去做了一名国家公务员，进了政府部门。这也是缘于他父亲的指点。

他父亲深知，作为一个商人就必须有很强的社会交际能力，必须充分了解人的心理，熟悉处世规则，善于与人交往，并给人留下良好的印象，使人信任自己，愿意与自己合作。这些能力在学校是永远学不到的。只有在社会上，在工作中才能锻炼出来，而锻炼的最好去处就是政府部门。在复杂的政府部门里，任何人都必须小心谨慎。

拉福在政府部门里一干就是五年。期间，他从一个幼稚单纯的热血青年长成了一名世故、圆滑、老成的公务员，并结识了一大批各界人士，建立了自己的人脉网。当他结束了政府工作之后，才投入到商海中。最开始，他去了父亲引荐的通用公司熟悉业务。

此后又过了两年，熟悉掌握了商业运作技巧的他成绩斐然。这时他不再有任何犹豫，婉言谢绝了通用公司的高薪挽留，创建了自己的拉福商贸公司，开始了梦寐以求的商业生活。

由于他准备充分，事业可以说是一步登天。二十年后，拉福的公司资产从最初的二十万美元发展到了两亿美元，而他本人也跻身于受人尊敬的成功商人之列。

对待财富一定要有耐心，而不是急于求成。目标定得很高，却不能耐心地做好基础工作，这样的人很难取得大成就。成功，需要的就是一步步的积累。质变是以量变为基础的，没有量变永远都不会有质变。所以，学会耐心地等待，时时为自己积累力量，你才能摘取成功的果实。

工作不能只为薪水

一个人若要生存，就需要获得必要的物质保障，为此就要去工作，赚取一定的金钱，这无可厚非。许多人因此就将工作只定位在金钱上，认为薪水高的工作就好，薪水低的工作就不好，果真如此吗？

事实上，薪水对于一个人而言并不是最重要的。工作所给你的，应该是一种成就感和生存价值的证明。如果将工作视为一种积极证明自己的途径，那么，就会在工作中获得满足感和幸福的体验。所以一个人应该为了选择一项事业而工作，不应该为了选择一份工作而工作。选择了事业的人，因为忠于理想，会在主动的状态下工作，这样就很容易发挥主观能动性，从而取得非凡的成就，获得幸福和财富。但是，选择工作的人则成为被动地接受，这本身就是对工作的一种否定。在这样的工作中，他们体验不到工作给予的快乐和幸福，当然也就得不到真正的财富。

只为薪水而敷衍工作的人，对老板而言是一种损害，对于自己而言则是在扼杀幸福。长此以往，生命之树便会枯萎，才能和创造力便会被埋没。如果你真的不喜欢这份工作，对这个领域不感兴趣，那你大可以换一份工作，但是，千万不要因为薪水敷衍自己的工作。

如果你有机会去研究那些成功人士，就会发现他们并非始终高居事业的顶峰。在他们的一生中，曾多次攀上顶峰又坠落谷底，虽起伏跌宕，但是有一种东西始终伴随着他们，那就是能力。能力能帮助他们重返巅峰，俯瞰人生，这就是不为薪水而工作的益处。

薪水不是最重要的，工作所给予你的要比你为之付出的更多。如果你喜欢自己的工作并一直努力，一直进步，就会在公司甚至整个行业拥有一个好名声。而良好的声誉将陪伴你一生。这样，你不仅可以得到满足还可以得到财富，这样的工作态度和工作选择对于你而言无疑是一种最大的收获。

许多人上班时总喜欢迟到、早退，要么在办公室与人闲聊，要么借出差之名办自己的事，有时还会找借口逗留在外……这些人也许并没有因此被开除或扣减工资，但他们会落得一个工作不认真的名声，也很难会有晋升的机会。如果他们想跳槽，也不会有哪家公司对他们感兴趣。所以，做工作永远都不要将薪水放在第一位来考虑，否则，工作就像是被放置在柜台上的次品，永远不值得珍藏。唯有不计得失，把工作做到最好的人，才是最值得信赖的人，才能在工作中获得幸福和成就。

一个人如果总是为自己到底能拿多少工资而伤脑筋，就不可能看到工资背后可能获得的成长机会，也不可能意识到从工作中获得的技能和经验，这样对自己的未来将会产生不利的影响。这样的人只会在无形中将自己困在装着工资的信封里，永远得不到幸福感。所以，工作时间一长，他们就会感觉累，感觉工作带来的痛苦感受，也就永远都活不出精彩。

威尔曾经聘用了一位助手，替他拆阅、分类及回复他的大部分私人信件。当时她的工作是听威尔口述记录信的内容，薪水和其他从事相类似工作的人大致相同。有一天，威尔口述了下面这句格言，并要求她用打字机把它打下来，记住：你唯一的限制就是你自己脑海中所设立的那个限制。

当她把打好的纸张交还给威尔时，她说："你的格言使我获得了一个想法，对你、我都很有价值。"可以看得出，这件事在她脑中留下了极为深刻的印象。她开始在用完晚餐后回到办公室来，并且从事不是她分内而且也没有报酬的工作。

她研究了威尔的风格，信件回复得跟威尔自己所写的一样。她一直保持着这个习惯，直到威尔的私人秘书辞职为止。当威尔开始找人来填补这位秘书的空缺时，他很自然地想到这位助手。

其实，从这个故事中我们可以看出，这位小姐的工作是积极主动的，尽管那些分外的工作并没有使她得到多余的回报，但是却使她获得了新的机会。这一过程中，她不仅得到了金钱上的回报，还得到了精神上的满足。而这些，是那些永远不懂得主动付出的人所体会不到的。

大多数人认为，薪水越多付出越少越好。当然，这不大可能。但至少付出与收获应该画等号。但是，只有那些为了事业不计报酬，真正投入工作的人才能明白工作的真谛，才能明白工作的本身就是财富。

遏制贪欲

前不久，在一家报纸上看到这样的一则报道：扬州市民丁某到该地的派出所报案，称自己因盲目地轻信他人，贪图小利，收购所谓的连体钞，结果赔了一万三千多元。

事情的经过是这样的。丁某在市区经营着一家修车铺。有一天，一个操着河南口音的男子张某来到了车铺，在闲谈中他说第四套人民币四方连体钞最近在市面上炒得很火，很赚钱，他自己也很想收购一些，打算利用丁某的这个车铺为工作点做广告。丁某认为自己并不会因此有什么损失，于是便答应了。第三天，张某带着些水果和广告牌又来到这里，在一番感谢之后，把广告牌挂在了修车铺的门前，并送给丁某一套自称价值1200元的角券套票。这个男子离开之后，过了没几天，一个操安徽口音的男子走进了丁某的修车铺，手里拿着一张张贴出去的广告和连体钞，询问价格。丁某忽然灵机一动，经过和来人一番讨价还价之后，以低于张某告知他的价格收购了下来，然后打电话给张某。张某来后二话不说，把丁某收购下的连体钞按照事先说好的价格买了下来。丁某悄悄算了一下，自己这样一倒手，就赚了200元，这不由让他很是高兴。第二天，又有另一个操着河南口音的男子带着一包四方连体钞走了进来。两人几经讨价还价，才以一万四千元讲定，为了凑够数目，丁某还特意从银行提取了一万三千元的现金。等他把来人打发走，立即给张某打电话，可是对方的电话已关机。接下来的几天，电话也一直打不通，此时丁某才意识到：自己上当了！

俗话说，"天上不会掉下馅饼来"，一分耕耘一分收获，没有付出就不会有收获。每个人都明白的道理，可是一旦面对突如其来的诱惑时，几个人能遏制住自己的贪欲？面前种种看似百年难得一遇的机会，殊不知，很可能就是别人精心设计的一张网，专等着利欲熏心的你前去上钩。最香气扑鼻的食物，往往都可能是鱼饵。

贪欲便是贪得无厌的欲望，不仅会给自己，给他人和社会也会带来危害。贪欲的害处，有人打了这样一个比方：贪犹如刀刃之蜜，虽能求得一时甘甜，却有截舌之患。不论是翻开史书来看，还是放眼现实的生活当中，为贪图刀刃之蜜而招致杀身之祸的事件不胜枚举。对此，古人也早有定论："祸莫惨于欲利，悲莫痛于伤心。""贪如火，不遏则自焚；欲如水，不遏则自溺。"

对金钱、荣誉、地位、权力等方面贪得无厌，即便是在不违背法律和道德的前提下，往往也会给自己带来巨大的损害。不少人为了满足自己不断增长的贪欲，疯狂拼搏，最终落得体力透支，身心憔悴，过劳致死。

在现今这个商业社会里，商品和服务在满足人们需求的同时又不断刺激着人们产生出新的需求。面对蛊惑人心的广告和瞬息万变的时髦，总让人觉得欲望无限大。随着欲望的膨胀，其结果就是，人们不由自主地进入需求再需求的恶性循环之中，不能自拔。可另一方面，人的时间和精力毕竟是有限的，身体的承受能力也有一定的限度。一个人长久挣扎在无尽的劳作和贪欲中，其身心就会因所承受的巨大压力而变得疲惫不堪，进而失去了可持续发展的动力。

当贪欲膨胀到无视道德和法律束缚的时候，就必定会给他人和社会到来不同程度的危害。譬如，一些党的领导干部为满足个人贪欲，无视党纪国法，滥用职权，贪污受贿；一些不法商贩，利欲熏心，制假售假、坑蒙拐骗；一些不法之徒，利令智昏，杀人、抢劫、绑架……

"祸莫大于不知足，咎莫大于欲得"，合理地遏制住自己的贪欲，将收获一个美满而无悔的人生。

财富并非全部

从前，有一位犹太商人和他那已经长大成人的儿子一起出海。他们随身带了满满一箱珠宝，准备在旅途中卖掉。当然，他们没有向任何人透露过这一秘密。一天，商人偶然听到了水手们交头接耳，原来，他们已经发现了他的珠宝，并且正在筹划着谋害他父子俩以抢夺珠宝。商人听了之后吓得要命，他在自己的小屋内着急得踱来踱去，就是想不出一个摆脱困境的办法。儿子问他出了什么事，商人便把听到的全告诉了他。

"同他们拼了！"儿子断然道。

"不"，商人回答说，"他们会杀了我们的！"

"那把珠宝交给他们？"

"也不行，他们还是会杀人灭口的。"

整整一天，他们都处在极度的恐慌中，儿子几次都想要冲出甲板与那些人拼个你死我活，但是都被父亲制止了。父亲好言安慰自己的儿子，并努力地想着如何才能摆脱困境，最后，他决定舍车保帅。

第二天一大早，商人就怒气冲冲地冲上了甲板对儿子狂吼："你这个笨蛋儿子！怎么从来不听我的忠告！"

"糟老头子！"儿子叫喊着回答，"你说不出一句值得我听进去的话！"

当父子俩开始互相谩骂的时候，水手们好奇地聚集到周围。老人冲向他的小屋，拖出了他的珠宝箱。"忘恩负义的家伙！"商人尖叫道，"我宁肯死于贫困也不会让你继承我的财产！"说着，他打开了珠宝箱，水手们看到这么多的珠宝时都倒吸了一口冷气。商人又冲向了栏杆，在别人阻拦他之前将所有的珠宝都倒入大海。

过了一会儿，父子两目不转睛地注视着那只空箱子，然后同时躺倒在一起，为他们所干的事哭泣不止。所有的水手看着这一幕都惊得目瞪口呆，后悔自己没有及时阻拦那个疯狂的商人。当然，他们同时也不再对那批珠宝抱有任何幻想。后来，当父子两人单独待在小屋时，父亲说："我们只能这样做，孩子，再也没有其他的办法可以救我们的命！"

"是的"，儿子答道，"您这个法子是最好的了。"

财可聚亦可散，而生命却只有一次。我们不可以为了追求财富而拿生命去冒险。我们见到不少人，为了一时之利不惜贪赃枉法，最后连性命也搭上了。这是得不偿失的。真正智慧的人，是懂得取舍的。他们明白生命的意义，明白财富在生命中所处的地位。只有当你也做到这一点，才会得到幸福和快乐。

真正理解财富

　　这是洛克菲勒写给他的儿子小约翰·洛克菲勒的私人信札，从这封信里面，我们可以看出一个亿万富翁是如何看待财富的。

亲爱的小约翰：

　　我很想与你谈谈关于金钱的一点看法。我认识许多人，他们对待金钱的态度有很大的差别。我曾经和那些街头流浪汉一起喝最便宜的酒，他们把仅有的钞票揉成一团塞在裤子口袋里；我也曾和那些证券经纪人聊天到深夜，他们操纵着大量的财富，可却从来不去碰一便士现金或硬币；我也见过有些有钱人不肯轻易拿出一枚铜板，因为害怕这会让自己变穷；我也见过慷慨的富人，犯罪的穷人，见过妓女也见过圣徒。

　　所有这些人都有一个共同点：他们处理金钱的方法是他们对金钱的认识结果，而不在于他们拥有金钱的数量。从最基本的层次上讲，金钱是一个冷酷无情的事实——你要么有钱，要么没钱。不过从感情和心理的角度上讲，它绝对是虚幻的。你可以把它塑造成自己想要的样子。如果你是个守财奴，你将不会快乐，因为贪财的人不能承受损失。金钱总是来来去去，这是它作为交换基本的特性。守财奴却无法容忍钱财的流失；而那些慷慨的人，即使当他们贫穷时，内心也是富裕的，因为他们看到了钱财散去有益的一面。他们的慷慨常常会点燃与他人分离的火花，钱财的流失成了一种使大家都能从中受益的共同礼物。

那些大方的人愿意看到钱财从他们手中流出，因此也容易理解关于金钱的另外准则：有时为了前进，你必须损失钱财。那些拒绝做任何赔本生意的人，总被他们渴望获胜的心理压得喘不过气来。这样也许他们付出的代价太过昂贵，也许他们购买后，这个世界又发生了变化。不论如何，拒绝在任何交易中有所损失的人们，常常会陷入故步自封的陷阱而不能自拔。

我并不计较你是否能对金钱保持明确态度。我只想告诉你，金钱是流动的，虚无的，生不带来，死不带去。如果你坚持认为钱财只能增多不能减少，你就是在和诸如呼吸、来去这些自然规律唱反调。经过你手中的钱财可能还会回来，也可能流向他人，可不论怎样，生活还得继续，还有更值得我们注意和关心的事情在前头。

财富抵不过无常的造访，美丽脆弱得如同一页白纸，只要一点轻微的风吹就可以把它吹得无影无踪。我们对于财富，应该怀着一份平常的心态。财富可以是我们能力的证明，却不应该成为我们做一切事情的最终目的，因此对于它的来去，我们不能太看重，正如洛克菲勒所说："经过你手中的钱财可能还会回来，也可能流向他人，可不论怎样，生活还得继续，还有更值得我们注意和关心的事情在前头。"

第三章 寻找致富途径

利用你的专业知识

一个人最直接的财富就是他本身所具有的知识和技能，这是一个人赖以生存的最基本条件。充分利用这些条件你就可以解决最基本的生存问题。也就是说，人与人之间最根本的差别不在于外表，而在于大脑中知识的存储量，以及思想、性格等因素。性格和思想的成因比较复杂，也不是在短时间之内可以造就的。但是，知识却可以通过学习得到，并在短时间之内为我们服务。它可以充实我们的人生，还可以提高自身的竞争力和价值。"尊重知识，尊重人才"，已经成为当今社会的共识。

我们应该最大限度地发挥自己所掌握的知识，用知识改变生活境况，用知识给社会创造财富。现在，许多商校为了提高国民素质，增强国家竞争力，使人们更加认识到知识的重要性，做了不少有益的探索。

一个国家，只有掌握了先进的科学技术才能在竞争中处于优势地位。因为如此，教育才受到国家的高度重视。从一个国家的教育水平，就可以看出这个国家在国际舞台上的竞争能力。当然，学习知识并非目的，最重要的是将其运用到生活当中。只学不用就会成为知识的奴隶，只有活学活用才会成为知识的主人。

曾经有一个工科毕业的大学生因为家庭贫困，毕业后又难以找到合适的工作，不得已回到家乡以捡破烂为生。有一天他收到一个易拉罐后突发奇想：一个易拉罐才赚几分钱。如果将它熔化了，当作金属材料卖，是否可以多卖些钱？于是，他把一个空罐剪碎，装进自行车的铃盖里，熔化成一块指甲大小的银灰色金属，然后花了六百元在市有色金属研究所作了化验。化验结果出来了，这是一种很贵重的铝镁合金，按照当时市场上的铝锭价格，每吨在一万五千元至一万九千元之间，每个空易拉罐重十八点五克，五万四千个就是一吨，这样算下来，卖熔化后的材料比直接卖易拉罐要多赚六七倍的钱。他决定回收易拉罐熔炼。

结果，他不仅改变了工作性质，还让自己的人生步入另一条轨迹。为了多收易拉罐，他把回收价格从每个几分钱提高到每个一角四分钱，又将回收价格以及自己的收购地点印在卡片上，向所有收易拉罐的同行散发。一周以后，他骑着自行车到指定的地点一看，只见一大片满载空易拉罐的货车在等着他。那一天，他回收了四十万多个，足足有两吨半。向他提供易拉罐的同行们，卸完货仍然去拾他们的破烂，而他却彻底变了自己的命运。

他立即办了一个金属再生加工厂。一年内，他的加工厂炼出了二百四十多吨铝锭，三年内，他就足足赚了二百七十万元。他从一个"拾荒者"一跃成为百万富翁。

成功只属于那些善于开动脑筋的人。机遇无所不在，就看你是否有一双善于发现的眼睛。大脑是致富最稀缺的资源，古今中外，概莫能外。

做别人没有想到的事

所有的聪明人都知道，大多数人都去瓜分同一个市场，而且已经到了瓜分尾声的时候，这个市场就将失去竞争力，并会在不久的将来让所有依赖这个市场生存的竞争者处于被动地位。所以，聪明的投资者不会在这个时候再涉足这个市场，会进入有发展前景的新市场，也许这个市场在最初的运作过程中会有一些麻烦，但是，一旦市场打开了，他们就会在短期内收回成本，并稳赚一笔。所以，聪明的投资者一定是一个目光敏锐而思维活跃的人。他们不怕做别人没有做过的事，常常能够把握机遇，迅速创造财富神话。

就以李维·施特劳斯这位牛仔裤的发明者来说吧，1829年，李维·施特劳斯出生于德国一个普通职工的家庭里，他从小就很聪明，顺利地上完中学、大学后，当上了文员。

1850年，美国西部发现了大片金矿。这则令人惊喜的消息为人们带来了无穷的希望和幻想。于是，人们潮水一般涌向那个曾经是人迹罕至、荒凉萧条的不毛之地。

当时的李维·施特劳斯只有二十多岁，但他心中的冒险因子却时时影响着他的生活和工作，他渴望冒险，想通过自己的劳动、运气赌一把，于是他放弃了乏味的工作，加入到浩浩荡荡的淘金人流之中。

经过艰苦的跋涉之后，他才发现自己是那么的莽撞，他并不是第一个去淘金的人，曾经荒凉的西部到处都是淘金者，到处都是帐篷，许多人都蜗居在里面，希望实现自己的发财梦，但是成功的希望却非常渺茫，找到金矿一夜暴富简直如天方夜谭。难道自己抛弃工作来到这里，也是为了像他们这样无望地等待吗？他陷入极大的矛盾之中。

但是，生活又给他提供了另一个契机。他很快发现这么多的淘金者都生活在帐篷里，再加上离市中心很远，买东西十分不方便，为了买一点日用品也不得不跑很远的路。于是，他决定不再做那个遥不可及的金子梦，还是踏踏实实地定下心来，开一家日用品小店，不再从土里淘金，而是从淘金人身上开始自己新的梦想。

不出李维所料，他的小店生意很不错，来光顾的人络绎不绝，很快，李维的成本就赚回来了，而且还有了不少的利润。

有一天，他又乘船外出采购了许多日用百货和一大批搭帐篷、马车篷用的帆布。由于船上的旅客很多，那些日用百货没等下船就被人们抢购一空，但帆布却没人要。到了码头卸货之后，他就开始高声叫喊，推销帆布，由于淘金者们都已搭好了帐篷，谁也不会费钱费力再去搭第二个，眼看帆布就要赔本了，他的心情也沮丧起来。忽然他见一位淘金工人迎面走来，并注视着帆布。连忙高兴地迎上前去，热情地问道："您是不是想买些帆布搭帐篷？"那个工人摇摇头说："我不需要帐篷，我需要的是像帐篷一样坚硬耐磨的裤子，你有吗？""裤子？为什么？"李维·施特劳斯惊奇地问道。那工人告诉他，淘金的工作很艰苦，衣裤经常要与石头、砂土摩擦，棉布做的裤子不耐穿，几天就磨破了。如果用这些厚厚的帆布做成裤子，肯定又结实又耐磨，说不定会大受欢迎呢！淘金工人的话提醒了李维·施特劳斯。他想，反正这些帆布也卖不出去，何不试一试做成裤子呢？于是，他灵机一动，用带来的厚帆布做成了式样新奇而又特别结实耐用的工作裤，向矿工们出售。结果，他做出来的那些裤子很快就被抢购一空，李维也因为这些裤子奠定了他牛仔裤之王的地位，并在很短的时间内成了富豪。

从李维的故事里我们能够感受到思维对整个人生的作用。那些淘金者宁肯等着一夜暴富，也不愿意另辟蹊径，做一些切合实际而又切实可行的事来实现黄金梦。他们当中也许会有一些人能够实现梦想，但那毕竟是一个没有多少保障的冒险游戏。李维却能够看到这一点。他从另一个角度出发，虽然没有淘到黄金，却从另一方面实现了黄金梦。从众心理危害很大，它让我们失去理性的判断，盲目地跟随，让我们失去独立性，不顾自身的情况和需求而盲目效仿他人，从而失败。

我们要学会个性上的独立，根据自身的状况进行仔细分析，学会另辟蹊径。只有这样，才可以找到通往成功的道路。

站在财富巅峰

你会怎样规划自己的财富之路呢？也许你会想到在公司里找一个好职位；或者自己经营一家店铺；开一个公司，独立创业；再者就是直接做职业经理人。但是，我们不妨想一想，那些有资金，但没有时间自己经营公司的人在干什么呢？做投资。他们虽然没有时间自己去经营公司，但是，可以找一个好的项目，请一大批人才帮他们经营，而他们只需要投入资金就可以了。所以，他们才是站在财富巅峰，最会赚钱的人。

二十世纪最伟大的投资家巴菲特就是这样的一位优秀的投资家。2001年《福布斯》杂志富豪排行榜上，他以三百二十三亿美元的资产位居第二，仅次于比尔·盖茨。我们不妨看看他是如何发家的。

1930年八月三十日，巴菲特出生于美国内华达州的奥马哈市。他出生时，正值美国最严重的金融危机爆发，他的父亲在那个时候失业，贫穷的家境使巴菲特从小就立志改变自己的生活境遇。

五岁时，巴菲特就在自家门前向路人兜售从祖父的杂货店里批发出来的口香糖和柠檬汁。六岁时，在与家人去郊外度假时，他用二十五美分买了六听可乐，然后在湖边以五美分一听的价格卖给游人。九岁时，他就知道通过收集瓶盖来了解哪一种品牌的软饮料生意最红火。稍大后，他带领小伙伴们到球场捡用过的高尔夫球，然后转手倒卖，生意颇为红火。上中学时，除利用课余做报童外，他还与伙伴合伙将弹子球游戏机出租给理发店老板们挣取外快。

1940年，十岁的巴菲特随父亲去了纽约。在这个世界级的金融中心，他被华尔街股票交易所的景象迷住了。一年后，这个少年便第一次做股票投资，他以每股三十八美元的价格买进了一种公用事业股票，不久，这只股票的价格就上升到四十美元，巴菲特将股票抛出。首次投资虽然赚得不多，却给他带来了无比的喜悦。

1947年，巴菲特进入宾夕法尼亚大学沃顿商学院攻读财务和商业管理。在没有确定自己的投资体系之前，他和绝大部分投资者一样做技术分析、听内幕消息。但是巴菲特从来就不是个盲从的人，他觉得教授们的空头理论不过瘾，两年后便不辞而别，辗转考入哥伦比亚大学金融系，成了著名投资专家、证券分析学之父本杰明·格雷厄姆的学生。格雷厄姆是个不同寻常的人。他告诉巴菲特，投资者的注意力不要老是放在行情显示屏幕上，而应放到发行股票的公司那里。投资者应该了解的是公司的赢利、资产负债和未来前景，只有这样，才能发现或计算出一只股票的"真正价值"或"内在价值"。他告诫巴菲特对华尔街要当心，不要听信传闻。

1956年，以"Ａ＋"成绩毕业的巴菲特找工作时却多次碰壁。心灰意冷的他回到家乡，决心自己一试身手。当时，他身无分文，但是他坚信，老师教的那些原则是他成功的钥匙。在一次聚会里，他宣布自己要在三十岁之前成为百万富翁，"如果实现不了这个目标，就从奥马哈最高的建筑物上跳下去。"1956年巴菲特建立了一个合伙公司"巴菲特有限公司"，正式开始了他的职业投资生涯。那时，巴菲特并不跑出去，听最新的消息，他只是待在奥马哈的家中，埋头在资料堆里。他每天只做一项工作，就是寻找低于其内在价值的廉价小股票，然后将其买进，等待价格攀升。用这种方法他很快就得到了丰厚的利润。他的巴菲特公司第一年就集资五十万美元。合作者们分享四分之三的利润，巴菲特自己保留余下的四分之一。第二年，巴菲特已经管理着五间小规模的公司，总资产有五十万美元，但投资收益率高达百分之十。1958年回报率更高达41%，到1959年末，由巴菲特管理的资产已经比原来合伙人的投资翻了一倍。1962年到1966年的五年中，他公司的业绩高出了道·琼斯工业指数二十到四十七个百分点，巴菲特合伙体投资回报较高的消息不胫而走，许多人找上门来，要求巴菲特管理他们的资产投资。到1966年，巴菲特管理的合伙资产已经超过了四千四百万美元。而巴菲特本人也在当年的《奥马哈先驱报》上获得"成功的投资业经营人"的名头。他实现了他的"百万富翁"狂言。

当众人都对高科技公司趋之若鹜时，巴菲特仍然坚持其保守的价值观。他说他对两类股票不感兴趣，一类是公用事业股，理由是利润固定的行业从来不在他的投资范围之内。另一类是高科技公司股票，"我自己对这类公司捉摸不透。如果我不懂，我就不投资。"四十多年来，无论经济繁荣与否，巴菲特所持有的股票总体表现是出色的，它的平均收益率达到百分之二十八点六，从未出现过年度亏损。即使是在20世纪的亚洲金融风暴波及全球时，巴菲特仍然以其稳健的风格成为全球投资者竞相仿效的楷模。

在巴菲特的事业生涯中我们看到，在投资领域，如果你要做出成绩，就一定要有独立而有效的运作方式，对自己不熟悉的领域和不感兴趣的领域不要去投资，能够看到最大的利益差价会在什么样的地方产生，并且不盲从于他人，这才是一个优秀的投资者应该具备的。

借他人之力

《红楼梦》中，薛宝钗在她的诗里说："好风凭借力，送我上青云。"她是一个聪明透顶的女子，虽然寄人篱下，但境遇竟比同样寄人篱下的林妹妹要好很多。我们不妨将她的这种思想推而广之，将其运用到财富的创造途径上来，也就是说，我们不妨"借力"来成就财富之路，扩大交际范围，让周围的人成为我们事业上有力的助手。

当然，很多人认为只要努力工作、好好学习就可以受到别人的关注，得到应有的报酬。但是，不要否认这样一个事实：人都是有感情、有思想的主观性动物，会在不经意间偏爱那个和他关系密切的人。所以，人际关系是非常重要的一个创富保障。我们应该清醒地认识到人际关系网就像是一个错综复杂的魔圈，在每一天每一分钟里都不停地集合、交错，只是我们常常不自知、不在意，因而常常和身边能够帮助自己的人擦身而过！有些人认为只有那些显贵之人才可能对自己有所帮助。但是，在适当时机，一个普通人也可以成为你扭转乾坤的贵人！

所以，对待身边的人一定要以诚相待，只有与别人建立良好的关系，才能便于借力，从而提升自己的事业。

世界首富比尔·盖茨可谓是一个高智商的奇才。但是，即使是这样的人一旦离开了别人的帮助，也不会有今天的成就。比尔·盖茨非常清楚这个道理，因此他有自己的一套人际关系法则。他走过的每一步路都离不开周围人的关注和支持。二十岁时，他签到了人生的第一份合约，这份合约是与当时世界第一强的电脑公司IBM签的。当时，他还是个在大学读书的学生，没有太多的关系资源。那么他又是如何得到这个机会的呢？原来，中间有一个至关重要的中介人——他的母亲。比尔·盖茨的母亲是IBM董事会的董事，妈妈介绍儿子认识董事长，这不是理所当然的事情吗？如果当初比尔·盖茨没有签到IBM这个单子，相信今天的他肯定不会是一个拥有几百亿美元个人资产的世界首富。当然，母亲帮儿子似乎是天经地义的事情，但盖茨得到的帮助绝不仅仅于这些。事业步入正轨时，比尔·盖茨得到了他一生中最重要的几位合伙人的帮助。他们不仅为微软贡献聪明才智，同时也贡献出了他们的人际关系资源。在他开拓国外市场时，他非常要好的日本朋友彦西为他讲解了很多日本市场的特点，并找到了第一个日本个人电脑项目，从而帮助他成功开辟了日本市场。比尔·盖茨曾毫不掩饰地讲："在我的事业中，不得不说我最好的经营决策是挑选人才，拥有一个完全信任的人，一个可以委以重任的人，一个为我分担忧愁的人。"由此不难看出他对人际关系的重视。

不可否认，头脑在创造财富的过程中起着至关重要的作用。但是，我们同样也不能忽视人际关系的作用。只有头脑而不懂得如何与人相处的人很难成就大事。也许他们可以成为孤胆英雄，但是绝对不会是一个领袖人物。

聪明的人不会仅凭一人之力打天下，而是善于借人之力打天下。诸葛亮草船借箭的故事想必大家都知道。现实中很多事情不是单靠个人的力量就可以解决的，只有学会借用别人的力量，才能取得成功。

这个世界是一个没有沟通和合作就没有发展的社会。任何人要想成功都必须找到一些有力的合作伙伴。拒绝借助他人的力量就是在阻挡自己前进的道路。那些有才华却生活贫困的人就是因为不善于借助他人的力量，不善于利用身边宝贵的人力资源，才使自己长期埋没的。与人交往既是每个人的生存本能，也是促使事业成功的有效手段。学会借他人之力，才会轻轻松松地取得成功。

模仿可以成功的途径

任何新事物的产生都是在沿袭原有事物的基础上进行创新的，在模仿的基础上发展的。没有沿袭就没有创新；没有模仿就没有进步。人类的历史无时无刻不体现着模仿带给我们的舒适和便捷，伴随着舒适和便捷我们的财富在增加，生活在改变，利用模仿我们可以在最短的时间内学会我们不会的，得到我们没有得到的，模仿是我们寻找财富的有效途径。当然，我所说的模仿并不是完全的照搬照抄，而是通过模仿成功者的方式、方法来创造财富。

模仿是创新的第一步，也是创造财富的第一步。万德尔·菲利浦说："一切与发明创造有关的事物都是借来的，美与形莫不如此。"从这个意义出发，过人的模仿能力不正意味着创新能力已经具备了基础吗？当你遇到问题时，应该努力吸取成功者的经验。这样，一方面可以少走弯路，另一方面，还不至于让创新出现太大的误差。

要想完成财富的积累就要研究成功者为什么成功，如何成功。他如何运用时间，想法跟别人有什么不同，有什么伟大的目标，到底如何做计划，以及成功的策略是如何制定的，他们有什么样的朋友，等等，然后再去有意识地模仿。有时不起眼的模仿就足可以带给你意想不到的机遇、财富和惊喜。成功者身上往往有很多优秀之处，而这些素质正是需要我们借鉴的。要想更好地把握机遇、赢得成功，学习身边的成功者不失为一条捷径。

有的人也许以为模仿是一种智力低下的表现，他们耻于模仿、反对模仿。这是因为他们还没有从本质上认识模仿的意义。贝多芬的音乐创作对近代西洋音乐的发展有着深远影响，但是你知道他的不朽作品是怎样产生的吗？他是继承海顿、莫扎特的传统，吸取法国大革命时期的音乐成果，集古典派大成创作出来的。贝多芬的模仿，既有思想模仿，又有音乐风格模仿，还有作曲技法上的模仿。所谓"三人行，必有我师焉。"有了可以借鉴的经验，常能使事情达到事半功倍的效果。当然，这里已不仅仅是模仿，还有在模仿基础上的创新。我们只有学于前人而又不拘泥于前人，才能取得突破，才能自成一家。积累财富也是如此。如果有机会参加各种财富讲座，听听各行各业的精英们现身说法，也许会让你受益匪浅，说不定就可以找到自己要走的致富之路。

在细节处下功夫

伴随着世界财富增长的是服务的周到和细微。任何人都可能在生活中感受到周到服务带给自己的舒适，假如哪一个服务者没有做到让顾客满意，那他就很容易失去顾客。更加人性化的服务必然会赢得顾客的青睐，并给经营者带来巨大的收益。在工作中如果能够注意在细节处下功夫，处处为顾客的利益着想，就会在短时间之内赢得财富。

德国零售商店的创始人特奥就是因为更注重细节因素才取得巨大成就的。1948年，特奥的母亲去世之后，留给特奥兄弟俩的只有一个小小的零售商店。两兄弟使出浑身解数，把这家店面扩大了，还开了几家分店。可是由于他们的资金有限，所以只能卖一些小东西。到了年终一算账，除去成本，所剩无几。两兄弟为此很烦恼，常常坐在一起讨论该如何才能让生意好起来。

哥哥问："同样是开小商店，为什么有的赚钱，有的折本，有的挣大钱，有的挣小钱？"

特奥说："这是因为经营方法不同，所以有的挣大钱，有的挣小钱。"

哥哥卡尔点头说："只要经营得法，小本钱也可以挣大钱。"

"关键是要找到经营的窍门！"

"经营的窍门是什么呢？"

特奥想了半天答不上来。兄弟俩又讨论了半天，还是没有找到经营的窍门。最后他们决定到外面去看看别人是怎么经营的。第二天，弟兄两人安排好店里的事情，骑上自行车，在大街小巷里转来转去，看看别人是怎样经营的。可是一连转了三天，什么有用的经验都没有发现。可是他们并不灰心，继续寻找致富的窍门。

一天，他们来到一家"消费商店"，只见那里顾客盈门，很多人的手里都拎着大包小包，好像被这家商店的东西迷住了似的。这种情况引起了特奥兄弟的注意，于是进到店中仔细观察。在商店的门口，一块精致的告示牌上，清晰地写着：凡是在本店购买商品的顾客，请您务必保管好购物发票，年终时可以凭发票免费选取款额百分之三的货物。他们把告示看了一遍又一遍，突然间明白了其中的道理。回到家里，他们就商量起具体的操作办法。

就在第二天早上，他们商店的门口贴上了这样一张大红告示：本店从今天起让利百分之三，如果哪位顾客发现本店出售的商品不是全市最低价，可以到本店退回差价，并且给予适当奖励。没过几天，他们的商店门口就出现了奇迹，生意兴隆，门庭若市，营业额很快就增加了几倍。

可是特奥兄弟对此并不满足，因为他们发现，来购买东西的顾客大都是附近的农民，这说明他们的经营范围有很大的局限性，商店没有太大的发展余地。于是，他们就在报纸、电台等传媒上做广告，让更多的人都知道他们商店的货物是全市最便宜的。不久，他们的商店就出现了抢购热潮，仓库的库存几乎为零，特奥兄弟每天忙得不亦乐乎。就在这样的利润转让中，他们的生意很快红火起来，并在城里开了十多家连锁店。他们的知名度也不断提高，很多人都知道这家商店的商品便宜，市民、失业工人等都成了这里的忠实顾客。

如果说经营有什么窍门的话，从以上的例子中我们也许可以找到一些答案，注重细节，在细微处满足人们的心理，就可以让自己的腰包鼓起来，这就是细节决定成败的原因。创造财富就是一个在细节处发现商机的过程。没有敏锐的眼光发现这一点，就会失去很多发财致富的机会。只有把每一个细节都做到极致，才能从平凡走向卓越，成就人生。

关注人们的需要

　　善于发现的人总会在任何时间和地点都能够发现商机。这种商机往往是源于他们对他人的关注或者是关爱。因为得到了关注和关爱，所以，受到关注和关爱的人也很容易因为感动和感激而给对方以回报。这也许就是那些关注和关心别人的商家能够获得财富更能获得人们信赖的原因吧。因此，可以说爱心也是致富的一种法宝。关注人们的需求，并从人们的感受出发，给予别人不能给予的贴心服务，只有这样才能赢得顾客的信任，才能为自己积累起财富。

　　有一天，服装设计师玛莉在街上闲逛，听到几个女士在闲谈："那种样式的服装是有钱的肥胖老太婆穿的，我们年轻人不适合。现在的流行衣裳都是缺少吸引力的，真令人生厌。"说者无意，听者有心，玛莉的大脑中立即呈现出一条比这些女士所穿的裙子更能显出女性的臀部和腿部线条的裙子。玛莉回到家里，拿出剪刀把裙子的下摆剪掉大约三十厘米。这样裙子的下摆就刚好在膝盖上面大约十厘米的地方。然后跟服装店老板合作把它成批制作推出市场。

结果一上市，这些裙子就被抢购一空，玛莉又不得不拼命赶制以供应市场。没多久，穿这种裙子漫步街头的女孩子们惊人的多了起来。先是在英国掀起了一股争穿迷你裙的热潮，然后这种潮流迅速扩展到世界各地。玛莉也顿时富裕起来，名气越来越大。现在，玛莉正经营一家大规模的流行服装店和一家化妆品店，被称为"流行服饰产业的女王"。

商家只有以顾客的需求为导向，时刻推陈出新，才能赢得市场，取得成功。不知变通，一味守旧，怠于创新，也终会在激烈的竞争中黯然出局。所以，任何成功的企业都对市场变化有着很强的敏感度。只有这样，才能时刻引领市场的潮流。

与之有类似经历的是化妆品界的靳羽西，论经商，靳羽西也许不是一个很好的商人，她不是一个很会算计的女人，但是，她却因为有一颗善解人意的心，从而让自己的事业一路高歌。当靳羽西发现，中国女性很少化妆时，擅长思考的她觉得东方女性其实很美，只是不懂得如何包装和展示自己，不懂得包装，就不能更好地展现自己的魅力！这对任何女人来说，都不能不说是一种莫大的遗憾。于是，她开始留意化妆品世界的有关信息。但是，市面上大部分化妆品都是西方研制生产的，这些产品并不适合中国人。西方人用的粉底和彩妆，如果用在中国人脸上不但不会"画龙点睛"，凸显神采，会显得很难看。因为西方人和东方人外貌特征不一样，这些差别注定东西方人不能用同样的化妆品去修使自己。于是，她立志要研制、生产出适合东方人的化妆品。公司成立之初，她就打出了羽西品牌"专为亚洲女性设计"的口号，这一口号沿用至今，并且深入人心。经过多次的试验和努力，她终于实现了自己的梦想，同时也改变了东方女性的面貌。"她用一支又一支的口红改变了中国人的形象。"一个西方媒体曾这样赞美她的贡献。

对于玛莉和靳羽西而言，她们的成功都是因为关注了他人的需求，也因此才获得了巨大的商机和财富。也许在她们开创事业时，并没有预计到这些产品会带来多少利润。但是，事实证明，她们可以通过关注人们的真实需要，获得丰厚的回报。尽管创造财富的途径很多，但是，我们需要清楚地知道，所有的产品都是因为有需求才会有市场。随着社会竞争的日益激烈，人们会在更加细腻的地方做文章来满足社会需求，如果你能够比别人更早、更细腻地关注市场需求，就会在获得人们的尊敬同时，获得优厚的回报。

优质服务助自己成功

在工作中，当你为顾客提供了最优质的服务时，你会得到顾客给予的更高级的回报，这也许就是你得以提升的机会之所在。但有些人不认为自己应该提供最优质的服务。服务意识淡漠，甚至对顾客无礼动粗。这样最终只会因为自己的过错毁掉自己的幸福和获取财富的机会。

美国推销明星乔·吉拉德讲过一个他亲身经历的故事：

一次，一位顾客来找他商谈购车事宜。那时乔·吉拉德正好心不在焉，他向顾客推荐了一款新型车，但是，眼看就要成交，对方却突然决定不买了。

夜已深，乔·吉拉德辗转反侧，百思不得其解，这位顾客明明很中意这款新车，为何又突然变卦了呢？他忍不住拨通了对方的电话：

"您好！今天我向您推销的那辆新车，眼看您就要签字了，为什么却突然走了呢？"

"喂，你知道现在几点钟了？"

　　"真抱歉，我知道是晚上11点钟了，但我检讨了一整天，实在想不出自己到底错在哪里。因此冒昧地打电话来请教您。"

　　"真的？"

　　"肺腑之言。"

　　"很好！你是在用心听我说话吗？"

　　"非常用心。"

　　"可是，今天下午你并没有用心听我说话。就在签字前，我提到我的儿子即将进入密歇根大学就读，我还跟你说到他的运动成绩和将来的抱负，我以他为荣，可你根本没有听我说这些话！"

　　听得出，对方似乎余怒未消。但乔·吉拉德对这件事却毫无印象，因为当时他确实没有注意听。话筒里的声音继续响着："你宁愿听另一名推销员说笑话，根本不在乎我说什么，而我也不愿意从一个不尊重我的人手里买东西！"

　　这次经历让乔·吉拉德发现了自己失败的真正原因。从此，他彻底改变了自己的服务态度。

　　当又一次一位妇女走进乔·吉拉德的展销室时，他得到了丰厚的回报。那位妇女走进展厅说想在这儿看着车打发一会儿时间。闲谈中，她告诉乔·吉拉德那天正好是她的生日。

　　"生日快乐！夫人。"乔·吉拉德一边说，一边请她进来随便看看，接着出去交代了一下，然后回来对她说："夫人，您喜欢白色车，既然您现在有时间，我给您介绍一下我们的双门式轿车，也是白色的。"

他们正谈着，女秘书走了进来，递给乔·吉拉德一束玫瑰花。乔·吉拉德把花送给那位妇女："祝您生日快乐！"

显然她很受感动，眼眶都湿了。"已经很久没有人给我送礼物了。"她说，"刚才那位'福特'推销员一定是看我开了部旧车，以为我买不起新车，我刚要看车他却说要去收一笔款，于是我就上这儿来等他。其实我只是想要一辆白色车而已，只不过表姐的车是'福特'，所以我也想买'福特'。现在想想，不买'福特'也可以。"

最后她在乔·吉拉德这儿买走了一辆"雪佛莱"，并写了一张全额支票。其实从头到尾乔·吉拉德的言语中都没有劝她放弃"福特"而买"雪佛莱"。只是因为她在这里感受到重视，于是放弃了原来的打算，转而选择了乔·吉拉德的产品。

不管我们从事什么样的工作，自觉地为顾客提供最优质的服务是我们的职责所在，也是我们实现自己的价值，得到工作带来的幸福感并获得财富的有效途径。具备良好的服务意识，了解顾客的需要，研究顾客的心理，认真听取顾客的意见，争取顾客的理解和支持，这些你都做到了，你就能够得到顾客的信赖，这本身就是一种幸福。而且，你决不会为此而吃亏，相反，你会因为得到了顾客的信任而给自己带来财富。

第四章 做好理财工作

学会理财

　　财富的积累是一个由小到大、由少到多的过程。要实现这个过程，就要学会理财。不是有一句话叫作"你不理财，财不理你"吗？财富的积累不在于最初有多少财产，而在于是不是善于理财。富翁并非一开始就是富翁，他们的财富也是通过不断的积累与投资获得的。学会理财可以让你更从容地支配财富，甚至还可以助你积累财富。许多人似乎对于理财不太在行，他们总是叫嚣口袋里的钱如流水一般，只记得出却忘记了进。这可谓是所有工薪族的一大心灵隐痛。所以，我们有必要为自己的口袋装一把安全锁，节制、理性地把每一分钱都管理到位。

　　理财是对自己的财富做价值分派。你可以用它去投资以换得更多的财富，也可以作为不动产储备起来以备不时之需。但是，一定要有自己的理财原则，使这些财富在你的手里不会贬值。

　　可能许多人都认为理财就是节约，进而联想到只有守财奴才会理财或者只有有钱人才需要理财。认为理财会降低花钱的乐趣与生活的品质，这样的结果难免会让一大部分人对理财不屑一顾，但是，理财并不是因为吝啬或者是太富有，才有必要去做的一件事。理财是为了更好地规划生活，以保证财富的合理运用，是管理财富的一种手段。

也许有人会认为理财是一件很数字化、很费心费力的事。其实，理财没有那么困难，而且，成功理财还能给你带来更多的财富。不愿意理财的原因不是因为理财困难，而是因为你无法下定决心理财，如果永远不学习理财，必定会面临财务管理的窘境。社会上许多功成名就的社会精英，其成功的重要因素之一就是拥有正确的理财观。正因为如此，他们才会将财富合理地利用，从而实现其增值。

就以投保来说吧，人的一生不可能没有意外，而且，有太多例子告诉我们，一个人一辈子的储蓄常常会因突然的意外而毁于一旦。这种情况下，如果买了保险就可以降低因意外导致的损失，所以，何不在资金允许的范围内给自己的未来加一道屏障？发达国家每人平均拥有两到三张保单。但在目前，国内还有很多人没有投保的观念，这就是理财观念滞后性的表现。

再则，我们当中的许多人不能很好地掌握自己的金钱。那些日常生活的花费、娱乐费、子女教养费、房屋贷款及汽车贷款等都有可能压得他们喘不过气来。这样的处境大概就来源于对金钱的分配不合理。金钱的分配不只决定了生活方式，还可能会影响将来的生活模式。以一般的上班族来说吧，他们一生的收入大概都可以估算出来，所以，对刚进入职场的新人来说，前几年所选择的生活方式就有可能直接影响到未来的生活状况。例如选择在外租房子、生活花费高的人，每月所结余的所得就很有限，还有可能发生负债的情形；对于选择与家人同住、生活花费低的人，每月所结余的所得就相对比较高，而且还可以拿出大部分积蓄去投资。也许数年之后，后者所获得的利润就会超过薪资所得，因而生活质量就会大大提高，过着比较优越的生活；而前者却可能仍然还在为了贷款、房租、生活费忙得晕头转向、苦不堪言。理性、正确的理财有助于生活过得更加轻松自在。

那么，正确的理财之路应该怎么走呢？规划师告诉我们，理财的第一步应该是认清自己的风险承受能力、家庭经济状况和个人收支状况，然后作出具体的目标规划。接下来就是安排好理财需要，把大大小小的人生财务目标罗列出来，然后根据轻重缓急，标出先后顺序，分时分段"各个击破"。最好能按照先聚财、后增值、再购置住房的顺序，制订理财计划。如果缺乏理财和投资经验，给自己设立的第一个理财目标的门槛最好能低一点，难度不要太高，所需的时间在两到三年之内最好。达到第一个目标后，就可定下难度高一点、花费时间约三到五年的第二个目标。比如对于一位月收入两千元左右的公司职员来说，一年内积累一万元为自己购置工作必需的电脑，就比四五年内购置一套单身公寓，更适合作为自己的第一个理财目标。

总之，我们需要学会对自己的财务状况进行有效的管理，以应付生活问题。做好理财工作，对于我们而言是一件有必要，也是有能力做到的事，而且，这项工作做好了，必将对以后的生活大有裨益，使我们终身受益。

不要浪费金钱

　　常常听朋友说，今天我又买了一件衣服，或者又买了一套自己满意的化妆品，但是他接下来的那句话一定是，我没有钱交房租了，你能否借我一点钱，让我交房租？这就是"新贫一族"的生活写照。

　　生活中，也许你也会遇到这样的人，他们收入水平不是很高，但从来不知道该如何处理财务问题，改变不了大把花钱的习惯，总是入不敷出。对于收入不算太低的他们而言，这样的生活困境似乎不应该发生，即使是赚得不多，按照正常的花费来计算生活也应该可以过得很舒适才对，而生活过成这样，究其原因就是因为他们总是把金钱花在不应该花的地方，有时候是属于"重复建设"；有时候是用有限的钱买了没有实际意义的东西。对于他们而言，生活没有计划，尽管他们有能力过得轻松一点，但最后却失败了。

　　布莱特・麦克蒂格是华尔街成功的基金管理人，他接触了大量投资人与生意人之后，发现太多的人抱着错误的理财观念。他总结了十几年来的工作经验与心得，仔细分析了那些在金钱游戏中摸爬滚打的经纪人与投资者所犯下的种种错误，找出投资老手亦不能幸免的投资盲点，并对五百多位一无所有、但最终积累了成百上千万财富的投资人进行调查，分析他们的致富之道发现，一个人富有的程度取决于他的支出，而非他的收入。麦克蒂格建议，为了找出各种可能省钱的方法，你必须追踪所有支出的去处。其次，逐笔记账的用意在于找出与收入不成比例的支出。在众多的支出项目中，某些支出即使大幅削减也不致影响原有的生活品质。也就是说，生活简单、赚多花少，才能达到致富的目的。让自己有一种控制花线的定力，并把省下的钱转为投资，你才会致富。

有人也许会问："为什么百万富翁还使用优惠券呢？这样做不过每天能节省五十美分，一生又能够节省多少？"但是，我们不妨来看一下他们的节约会给自己带来多大的财富。在美国，典型的富裕家庭每周在食物和家庭生活用品上的支出超过二百美元，每年超过一万美元。在成年人的一生中，这个数字大约在四十万至六十万美元之间。但是，如果将这个数字削减百分之五十，即减至二十万至三十万美元，并将这些钱投资于一个位居前几位的股票基金中，根据过去几年的收益率，他们所赚到的钱就将超过五十万美元。

因此，节约对于他们而言是一种绝好的致富渠道。从长远看来，节约并正确的投资会给任何人带来更大的收益，而且还有利于人们养成良好的生活习惯，所以，节约是一件好事。

不要盲目投资

在理财的问题上，许多人似乎总处于一种懵懂状态。他们只知道资金如果放在银行会比较安全，但是不会有太大的收益；如果去投资则担心会有一定的风险。因为，投资并不像在森林里打猎那么简单。投资时，你必须清醒地认识到，如果一笔生意听起来好得让人难以置信，那么，你就该警惕它的可信度了。投资是一项需要谨慎而行的工作，没有风险的投资是不存在的，所以，选择投资的时候一定要做好所有的准备工作，不要盲目投资。

以下是一些有益的建议，可以帮助你保持清醒的头脑，更准确地作出投资判断：

（1）投资不是一群人的游戏，而是一个人的游戏。投资时，必须靠自己的思维作出判断，必须有独立、正确的见解以保证自己的投资是正确的。

（2）不要对投资的利润怀有太高的期望。财富的积累并非一朝一夕之功。特别是对于投资而言，带有很大的风险性。

所以，我们必须以一颗平常心来对待。注重一点一滴的积累，脚踏实地，这样才能慢慢变得富裕。

（3）不要被虚涨的股票所迷惑。公司的股票与公司永远都是有区别的，有时候股票的行情只是一家公司不真实的影子而已。所以在选择股票时，一定要优先研究这家公司的真实情况，然后再作打算。

（4）不要低估了风险。风险带给人们的有时会是一个很有杀伤力的结果，它值得每一个投资者给予足够的重视。在购买股票之前，不要先问"我能赚多少"，而要先问"我最多能亏多少"。有这样思想准备的人才不至于输得一塌糊涂，也能够对自己的每一步有一个清醒的认识，从容应对风险。

（5）在犹豫和不清楚一只股票时，坚决不要买。这一点非常重要。就像一位投资大师所说，如果不能用一句话把一个公司描述出来的话，就不要去买它的股票。

（6）有资金才是硬道理。当你把目光投向一些正在衰败的公司时，一定要注意这家公司是否还有值得扶持的潜力，自己的资金是否可以支持它转危为安。

（7）不要轻信债务超出公司资金的公司。一些公司经常是通过发行股票或借贷来支付股东红利的，这样的公司总有一天会陷入困境。对于这样的公司，你一定要考虑好自己的退路后再做决定。

（8）不要把鸡蛋放在一个篮子里。除非你有亏不完的钱，否则就不要把所有的投资都放在一家或两家公司，也不要相信那种只关注一个行业的投资公司。因为这样做的风险比较大，虽然把宝押在同一个地方可能会带来巨大的收入，但永远都不要忘记它同样也会带来巨大的亏损。

（9）除了盈利以外，没有任何一个其他标准可以用来衡量一个公司的好坏。无论分析家和公司怎样吹嘘自己的实力，你都不能听信他的一面之词，盈利就是盈利，这是唯一的衡量标准。

(10)如果你对一只股票的收益产生了怀疑，那就不要再坚持，及早放弃才是最好的选择。

记好自己的账

塞涅卡说："节约是避免不必要开支的科学，是合理安排财富的艺术。"在财富的管理上，那些财富巨子们总会走在所有人的前面。他们不在没有必要的地方浪费一分钱，这确实是他们生活的真实写照。

洛克菲勒家族可谓富可敌国，但是他们家族中没有一个人有挥金如土的坏习惯。戴维的祖父老洛克菲勒年轻时就有记录个人收支账目的习惯，他的每一分钱都要在账目上写出用途和使用时间，而且，他要求每一笔开支必须有正当而可靠的理由。临死时他将这一传统交给了儿子小约翰·洛克菲勒。小洛克菲勒继承了父亲的光荣传统，又把它像接力棒一样传了下去。戴维·洛克菲勒有这样一段记忆，他七岁的时候，约翰·洛克菲勒把他叫到自己的房间里，意味深长地说："戴维，从现在开始你可以每周获得三十美分的零用钱，我想听听你打算如何处置这三十美分。"

戴维高兴地回答："爸爸，我想您会同意我花十美分去买我最喜爱的巧克力。另外，我要和哥哥们一样拥有一个储钱罐，我每周节省十美分放进去。剩下的十美分我做机动处置，如果到星期六还没有花出去的话，我可以考虑在做礼拜之前捐给教堂。"

"对你的处理我十分满意，可爱的孩子。不过，我还有一个小小的要求。就是在拿到每周零花钱时，你必须在你的小本子上记下每笔钱的用途。"

"爸爸，有这个必要吗？"戴维·洛克菲勒不解地问道，"您说过这是我的零花钱，我有权自由处理的啊！"

"当然是有必要的，这是你祖父留下的优良传统。洛克菲勒家族的每个孩子都要这样做。你在每天花了钱之后，记下花钱的原因、数目，并给这笔开销的必要性做一个合情合理的解释。这里面有一点我想有必要提醒你，所有的记录必须要真实，你知道诚实是最宝贵的。"

"爸爸，我记住了。"

"对了，我每周在发给你零花钱之前，都要检查你的花钱记录本。如果你的记录令我满意的话，你会得到一点小小的奖赏，那就是在三十美分之外再加上五美分；要是记得模糊不清的话，相应地要将三十美分扣为二十五美分。"

这就是戴维少年时所受的"账目训练"，这对他以后的理财生涯起到了不可估量的作用。通过这样的训练，戴维清楚地知道了哪些钱该花，哪些钱不该花，怎么花，如何花？这些看似简单琐碎的小事，却为他将来事业的大展宏图提供了不小的帮助。同时还使他养成了节约和计算的习惯。

　　看到这个大家族的生活方式。我们是否会有一点启发？如今，生活是有所改善了，我们是否想过记一本日常收支的账目，是否想过要认真地安排一下生活和资金，让生活有一个更加清晰的概念呢？生活质量不是用浪费和奢华去衡量的。只有将每一笔资金用到了它该用的地方才会有它应有的价值。我们应该养成一个好的习惯，给自己的理财观念加一把锁，让每一笔资金的流向都有一个清晰的概念，这样，才不会在无意间浪费金钱。

养成精打细算的习惯

"精打细算"这几个字听起来似乎有一点不太大气。这确实是我们都应该注意的问题。虽然现在已经不是物质极度匮乏的年代，精打细算仍然需要作为一种良好的生活习惯加以提倡。

精打细算不会费什么周折，只需要做一个有心人就可以了。对于个人而言，精打细算的做法有助于正确理财。对于一个企业而言，精打细算更是能给企业节省很大的一笔开支，帮助企业降低运作成本、提高利润。所以，现在大多数企业都会在降低产品的消耗上大做文章。有些企业甚至会把精打细算的理念贯彻在每一个员工身上，要求员工做到精简节约。

李子毕业后幸运地进入一家工作环境较好的公司，报酬丰厚，升迁的机会也多。李子工作起来十分努力，很快就做出了成绩。年终他被上司召见，心中不免充满对未来的憧憬。让他想不到的是，老板对他说："李子，你这一年的工作业绩很好。不过，公司为控制成本，要紧缩人事，这是件不得已的事，想必你可以谅解。按照规定，你可以领取三个月的失业金，相信你很快就能找到更好的工作。"

李子被这突如其来的打击惊呆了，他甚至怀疑自己是不是听错了，于是壮着胆子问："你的意思是我说被解雇了？我到底犯了什么错？难道是因为我工作不努力或者能力不够吗？"

"请你不要激动，公司能从几百个应聘者中选中你，说明你的个人能力是没有问题的。遗憾的是，你并没有把自己当作企业的一员。"说着，上司拿出一份资料："据我的观察和记录，你在一年中的出差成本比同类员工的成本高出百分之二十。从你报销的单据可以看出，你从来没有乘坐过更为方便和快捷的地铁，也从来没有吃过旅馆为每位住宿客人提供的免费早餐。另外，你在办公用品方面的领用率也几乎是别人的两倍，而你拿给我的工作报告也都是打在崭新的打印纸上的……"

也许按照一般人的想法看来，李子工作努力，又有能力，浪费一点没有什么了不起。但从公司的角度来看节约才是最重要的。因为，这家公司之所以能连续多年盈利，其成功的秘诀就是"质优价廉"。也就是说企业必须严格控制成本，才会盈利。公司要求每一个员工都应该为公司着想，精打细算、节约成本、创造更大的利润，而李子没有做到这一点。

精打细算对于一个人而言有很大的好处，对于一个企业同样如此，世界上的那些知名企业都有这种习惯。丰田公司在办公用品的使用上节省得近乎"抠门"，譬如公司内部的便笺要反复用四次，第一次使用铅笔，第二次使用水笔，第三次在反面使用铅笔，第四次在反面使用水笔。沃尔玛公司采集样品的窗口上，赫然写着"标签不可做它用"的提醒。在沃尔玛简朴如大卖场的办公楼里，员工不止一次被告知："出去开会，记得要把公司发的笔带回来，因为笔是要以旧换新的，平常用的纸，记得要两面用完再丢弃，因为浪费实在可耻。"

也许，这样的节约方式许多人不理解。精打细算不仅有利于增加物品的利用率，同时还有利于提高理财能力。对于物质生活日益丰富的现代人而言，在享受优质生活的同时还应该看到资源是有限的。精打细算不仅可以将金钱的利用率发挥到最大，还可以为社会节约大量的资源。如此两全其美的事，何乐而不为呢？让我们学会理财，学会精打细算，既是为自己，也是为社会。

进攻是最好的防守

人们常说，进攻是最好的防守。在财富的较量中，一味地防守是下下策，随着经济的增长和财富的积聚，资金如果没有流动，就会有贬值的危机。如果希望资金在短时间内不贬值甚至还能增值，那就应该让它流动起来。在财富路上，我们就不能让生活处于被动状态，要积极主动地运作资金，将它们放置在可以增值的地方，也许可以看到功大于守的效果。

世界上任何一个财富巨子的财富之路都是靠资金的快速流动才增长起来的。如果他们没有魄力做出决定，只死守着一部分资金等待，就不会成为今天问鼎财富之巅的人。

桑迪·威尔刚进入华尔街的时候是一个送信员，每月仅有一百五十美元的收入。经过不断地打拼，1960年他成立了自己的公司。也是在那个时候，他的周围聚集了一些极富才能之人，这些人成了他最有力的帮手和合作者，为他以后的财富增长奠定了基础。

1970年，拥有一百年历史的经纪公司显贵海登·斯通即将面临破产而被迫解散，威尔和他的合作伙伴将比他们的公司大一百倍的这家公司买了下来，并将其更名为"旅行者公司"。从此，威尔这家规模很小的公司就变成了收购工具，他将这家公司进行了重组，关闭了那些经营不佳的分部，将其运营和现有后勤设施整合，削减成本。这样，这家公司的运营状况就大大改观了。

1973年威尔成了海登·斯通的CEO，当时正值证券业面临有史以来最艰难的时期，很多大公司都岌岌可危，但是威尔凭借完善的管理、充足的资本，很好地抓住了机会。自从收购了西尔森·汉密尔之后，其规模翻了一倍，1979年他又收购了利博·洛兹，并更名为西尔森·利博·洛兹。经过十四次的交易，这家公司已成为华尔街第二大经纪公司。1981年，威尔将西尔森卖给美国运通公司，自己则进入运通的管理层，从而成为一个拥有几百万资产的富翁。1983年，威尔出任美国运通总裁，他的视野越来越大，资金实力也越来越大。1998年四月六日，里德和威尔宣布了创历史纪录的七千亿美元的股票交割，新的实体起名为花旗集团，公司仍以旅行者的伞为标识。花旗集团成了世界上最大的金融服务公司，其资产接近七千亿美元，那年的收益近五百亿美元。这是历史上最大的一次合并。

2000年1月，威尔与里德在董事会展开决战的一个月前，花旗集团购买了欧洲一家投资银行，其目的是逐步建立花旗集团高目标的客户基础。这是一次数额巨大的收购，同时也是威尔新的开始。到那个时候，他在整个财富生涯中还没有收购几家外国公司。2000年，威尔积极应对花旗集团的主要发展机会存在于国际市场这个现实。在随后的十四个月里，花旗集团收购了横跨世界的中级市场公司，其中包括：加拿大和英国的信用卡证券组合；一家在波兰的台湾富邦集团零售银行百分之十五的股份；总部设在美国，而在日本有巨大影响的协富集团。就这样，威尔成了一个名副其实的世界级富翁。

纵观他的一生，他所走的每一步都采取了积极主动的方式。在他看来，守财永远不能达到财富目标，他以不可辩驳的事实说明他的策略是正确而有效的。当然，在所有的运作过程中，他的智慧和敏锐起到了不可估量的作用。因为智慧和敏锐，他避免了盲目和迷茫，这一点对他而言是极其重要的。以大见小，如果我们的理财也可以采取同样的策略，我们也将会取得成功。

及时走出"死胡同"

生活中，我们经常会走进死胡同，认为原来的就一定是对的，就一定不可改变。这种想法一方面是因为胆怯，一方面是因为没有突破思维的束缚。但是，如果我们想要有所收获，打破常规是必需的，也是非常必要的。因为主客观世界总在变化，如果你总是坚持以一种方式来解决问题，就会发现事情的结果会在某一天突然脱离了你预想的轨道。就如你知道一个女孩子喜欢玫瑰，就坚持每天送她一支，也许一开始这种方法的确感动了她，但是，时间一久，她可能就会感到厌烦了。所以，灵活变通是我们做事具备的素质。

佛经中有这样一个故事：在一个寒冷的夜晚，在他乡化缘的两位小和尚又冷又饿，快要撑不下去了。为了活命，大师兄搬下一尊庙里的佛像砍了，烧火取暖煮饭。

师弟吓坏了，说："师兄，你平时那么虔诚，拜佛、敬佛，为何今天做出这样大逆不道的事情来，你就不怕受惩戒吗？"

师兄此时却平静地说："佛是最讲本真和自然的，最忌讳虚假和掩饰。一个人渴了要喝水，困了要睡觉，饿了要吃饭，这样才能够保住性命。这都是最真实、最自然的、最急需解决的问题。拜佛修炼是需要灵活领悟佛理智慧的，也就是说要具体问题具体分析，而不是死守教条和形式。在现在这种情况下，我只有这样做才符合佛的本意啊！要是我不这样做，而受制于佛像这个表面形式，宁愿饿死、冻死，那才是对佛意的曲解。是对佛法的不敬。"师弟听了这话方才放下心来。

作为一个佛教徒，爱护佛像是理所当然的，但是在特殊情况下，却可以把佛像砍了当柴烧。毫无疑问，这个敢于烧佛像的大师哥是一个有智慧并且不守教条的人。唯有他，才能幸运地生存，并参悟出佛法的真谛，才有得道的机会。

这不禁让我想起一个有趣的笑话：曾经有位拳师，精熟拳法，与人谈论拳术时常常是滔滔不绝，口若悬河。拳师打人时也确实战无不胜，可他就是打不过自己的老婆。令人难以置信的是，拳师的老婆并不是一个身怀绝技的武林高手。她只是一位不知拳法为何物的家庭妇女，但每每打起来，她总能将拳师打得抱头鼠窜。

有人问拳师："您是不是怕老婆才不敢打赢的？"

拳师恨恨地道："这个死婆娘，每次与我打架，总不按路数进招，害得我的拳法都没有用武之地！"

拳师精通拳术，战无不胜，可碰到不按套路进攻的老婆时，却一筹莫展。看起来有点可笑，但生活中如果我们不知变通的话也会犯同样的错误。过去的经历可以成为我们的一种经验，但是却不应该成为束缚我们的枷锁，如果不管遇到什么样的情况，你都照搬以前的经验，那就会陷入教条主义中去了。就像上面的那位拳师，"熟读拳法"是好事，但拳法是死的，如果盲目遵循这种固有的条条框框，遭遇失败也就成为必然了。如果你以为那些成功创新的人，一定都绝顶聪明，那就错了。事实上，大部分的突破，都是一般人在现有的心智模式下产生的。所以，是否可以有所突破，关键不在于你够不够聪明，而在于你的态度：你是否一直在寻找机会，打破原有的束缚。如果没有这样的勇气，就会失去应有的成功机遇。只有跳出原有的框架，善于打破常规，你才能有所突破，才能获得成功。

第五章　心灵是幸福的沃壤

幸福的概念

《现代汉语词典》（第6版）对幸福的其中一个解释是：幸福就是生活和境遇称心如意。那么，称心如意又是一种什么样的境界？我们似乎永远都不能给出一个确定的答案，因为我们总是把自己的境遇和别人的境遇相比较，任何--点心理落差都可以使我们不开心。世界上任何事都是不完美的，如果总把目光集中于自己所没有的，就永远不会品尝到幸福的滋味。

其实，幸福与不幸福只是一种感觉。这种感觉是一种心灵舒适、满足的安全感。当你的需求得到满足时，就是幸福的。反之欲望太大，就很可能与幸福绝缘。因为，知足是幸福的基础。生活之中的幸福需要我们去创造和感受，只要留意生活给予的美好和感动，便每天都能找到让自己幸福的理由。

一个人是否会幸福全由自己决定，有的人生活颇为顺利，所有令人羡慕的资本都具备了，却感觉不到快乐；而有的人一生也没有享受过锦衣玉食，却能活得有滋有味。凡事多往好处想，善于发掘自己身边点滴的幸福，才是人生快乐的源泉。

　　有这样一个故事：一个女子结婚后总觉得自己不幸福，于是决定和丈夫离婚。做了决定之后，她来到外婆家，外婆在她眼里是一个一直都很幸福的女人，尽管外公身上有很多缺点，有时还会呵斥外婆。但是，外婆从来都不生气，还像哄小孩那样宠着外公。有时她会暗想，外婆的脾气太好了，要是我早就和他分手了，但是，外婆似乎永远都很幸福。那天，她看到外婆抽屉里的那个日记本时，才终于找到了外婆幸福的原因。原来，外婆的日记里记的全是她和外公在一起时的点点滴滴的让自己感觉幸福的小事，这当中包括了外公给她洗了多少次脚，做了多少次饭……外婆就是在这些点点滴滴的爱中感受着生活的幸福，并安享着自己的生活。

　　幸福其实就是一种积极的应对生活的态度。我们不能给幸福下一个固定的结论，因为，每个人对于幸福的感觉是不同的。随着社会压力的加重，今天的我们也许更加难以感受到幸福的真实存在，但是，如果能够给自己一个安静的感受生活的机会，就会发现生活中有许多乐趣可以享受，有许多幸福可以品尝。

幸福是一种心理能力

幸福是一种能够制造和感受人间所有感动和快乐的心理能力。生活中常常有人抱怨条件不好，运气不好，幸福离自己很远。那只是没有去发现和感受，幸福存在于生活的每一个瞬间，比如炎热的夏日，爱人无声无息地递给你一块凉毛巾，有人觉得很感动，而有人得到的却只是一种符号，认为他（她）这样做是应该的。他们不能随时随地用心灵去品尝生活的味道，生活就没有幸福可言。曾经有人这样描述幸福："幸福原是一个水晶球，掉到地上，碎成一片一片，有的人捡到的多一点，有的人捡到的少一点。"

在这个世界上没有谁是绝对不幸的，也没有谁是绝对幸福的，当我们感到不幸福时，应该问问自己："我到底失去的是幸福，还是感受幸福的能力？"

有一对年轻的夫妻，大学毕业后找到一份工作，工资都不高，住的是廉价的出租房，家里连一件像样的家具都没有，装衣服只能用纸箱。按说过着这样的生活不会有什么幸福可言，但他们却很快乐。他们彼此珍爱、相互关心，贫困的生活并没有阻止他们感受到生活的快乐。连他们的邻居都对他们和睦的生活感到羡慕。而这些邻居之中，大多数人都比他们有钱，但生活却没有他们幸福，三天一大吵，两天一小吵简直就是家常便饭。

生活总会有些许不尽人意之处，只是有的人善于从中感受到幸福，有的人却只会抓住那些痛苦的事不断回味。这就是人们幸福与不幸的主要原因。而且，一个人越是感觉不幸，这种感觉便会如影随形地跟着他。如果看到自己不幸的同时还能够看到自己的幸福，那他离真正的幸福也就不远了。就以张海迪来说吧，假如她一直都只是看到自己的不幸，那她就没有日后的幸福生活。她不仅用的心感受到了幸福的存在，还创造了更多的幸福。对于张海迪而言，她失去的是我们大多数人都拥有的，但是，这并不妨碍她感受幸福的能力。我们大多数人在肢体上是健全的，却没有她那样健全的心。

所以，我们要培养让自己幸福的能力。首先，要写出一份有关幸福的清单，然后，每天不停地思考这些幸福，其间若有不幸的想法进入内心，就立即停止并将之摒除，以幸福的想法取而代之。每天早晨下床之前，不妨先在床上告诉自己"今天会很顺利"，那么不论你面临什么事，这种想法都将对你产生积极的作用，帮助你面对一天的工作，甚至能够将困难与不幸转为幸福。

有了幸福的意识，你才有可能得到幸福，假如你没有这样的意识，你就不会快乐。一个人的幸福感与外物有关，但并不是说所有的幸福感都与外物有关。幸福的体验在于一个人心灵的感应能力和对于生活的态度。如果我们心存美好的期盼，一定可以看见美好的未来。

看清你的幸福

利斯有一位富商爸爸，但这位爸爸却在壮年时不幸得了绝症。临终前，他见窗外的市民广场上有一群孩子在捉蜻蜓，就对自己的四个未成年的儿子说："你们到那儿给我捉几只蜻蜓来吧，我许多年没见过蜻蜓了。"

不一会儿，利斯的大哥就带了一只蜻蜓回来。爸爸问："怎么这么快就捉了一只？"

利斯的大哥说："我用你送给我的遥控赛车换的。"

富商点点头，微笑了一下什么也没有说。

又过了一会儿，利斯的二哥也回来了，他手里拿着两只蜻蜓。爸爸问："你这么快就捉了两只蜻蜓？"二儿子说："我把你送给我的手枪租给了一位小朋友，他给我三分钱；这两只是我用两分钱向另一位有蜻蜓的小朋友租来的。爸，你看这是那多出来的一分钱。"富商仍旧微笑着点点头。

接着老三也回来了，他带来了十只蜻蜓，并小心翼翼地用一个竹笼装着。富商问："你怎么捉到这么多蜻蜓？"三儿子说："我把你送给我的坦克在广场上举起来，问：'谁想玩坦克，想玩的只需交一只蜻蜓就可以了。'爸，要不是怕你急，我至少可以收二十只蜻蜓。"富商爸爸爱怜地拍了拍三儿子的头。

最后回来的是利斯。他满头大汗，两手空空，衣服上沾满了泥土，脸上还挂着脏兮兮的鼻涕。爸爸问："孩子，你怎么搞的？"利斯说："我捉了好半天，都没捉到一只，还摔了几跤，要不是见哥哥们都回来了，说不定我还能抓到一只落在地上的蜻蜓。"富商爸爸笑了，笑得满眼是泪，他摸着利斯挂满汗珠的脸蛋，把他搂在了怀里。

第二天，富商死了，只在床头发现一张小纸条，上面写着："孩子，我并不需要蜻蜓，我只想看见你们捉蜻蜓时的乐趣。"

生活中的我们也许真的很期待幸福，但是，到底什么才能使我们感觉到幸福呢？是金钱吗？不是，故事中的这位富商爸爸很有钱，但是，在他看来，能够使他幸福的不是金钱，而是孩子们无忧无虑捉蜻蜓的乐趣。那么，是优秀的成绩吗？也不是，因为，当他看到被捉来的蜻蜓时，并没有感到高兴，他需要的是过程而不是结果。

幸福与否，只有自己最清楚，只有自己才能够决定。只可惜，许多人并不知道自己喜欢什么，于是就把幸福定位在金钱的积聚或地位的尊荣上，但是，当他得到金钱或地位的时候就幸福了吗？不是，因为到那个时候他会失望地发现这些并不能让他幸福，他真正喜欢的不是这些，这便是人生最大的悲哀。

　　许多人一生都在做自己不喜欢的事情，有主观原因也有客观原因，这应该也算是我们感觉不幸福的原因。如果我们心里还怀有对幸福的期待，就勇敢地去追求自己内心喜欢的事情吧！

学会宽容

宽容别人就是宽容自己。一个对待别人苛刻的人，很难赢得友谊。"金无足赤，人无完人。"每个人都有缺点和劣势。就我们自己而言，也并非事事做得完美。因此，没有必要对别人求全责备。多一点宽容，既是自身有修养的表现，还可以赢得更多的友谊和尊重。

曾经有一位在小镇里教书的女教师，因为父母早故的原因，逐渐变得敏感而苛刻。当所有的同龄人都结婚生子之后，她依然孤独一人，三十岁那年，她终于肯委身于一名记者，却总对自己嫁的这个人不满意。婚后的她经常给丈夫脸色看，也不知道给丈夫留一点尊严。她怀孕的时候，妊娠反应严重，经常呕吐，有一次，丈夫利用休息时间送她到办公室，希望能在身边照顾她。当她拿起扫帚扫地时，丈夫急忙把扫帚拿过来替她扫，但她一点都不领情，扔下扫帚就冲着丈夫吼："你去扫！"当时，刚好有一个学生进去送作业本看到了那一幕，回到教室就把自己看到的一切告诉了同学们，从那之后，同学们就在背后叫她"母老虎"。她听到学生那样称呼自己，气得直打哆嗦。但是，她又能怎么办？因为经常生气，几年之后她得了乳腺癌，还没有四十岁就离开了人世。假如她能够宽容一点对待周围的一切，也许就不会过早地离开这个世界了。

对人苛刻伤到的不仅是他人，还有自己。我们应该学会宽容。一个懂得宽容的人才会得到他人的喜爱，才能体会到什么是幸福，生活才会变得更加有意义。

我有两个朋友在同一行业打拼，因为性格不同，成就也大相径庭。第一个人对下属非常苛刻，他给下属制定了严格的奖罚制度，并且在执行过程中没有一丝商榷的余地。许多人才因为难以接受这种没有人情味的制度而纷纷跳槽。几年过去了，这位朋友的公司如同一个新兵训练营，人员更动频繁，效益也可想而知。

另一位朋友的公司却是另一番景象，公司从最初的几个人，一直发展到今天的几百人。逐渐扩大的业务范围让这位朋友日进斗金。一次，我好奇地问他为什么公司会有这么好的发展前景，他感慨道："我也是从最初的落魄中走过来的。自己所受的苦只有自己知道。所以，我能体会到下属的难处。他们之中有许多人因为才华横溢，但个性太强而没有找到自己的位置。我愿意给他们一个舞台，为了我，也为他们，如今公司里可以说是人才济济。我要做的就是让他们在不损害原则的基础上尽量有一个宽松的工作环境。"听完他朴实的回答，我明白了他事业越来越好的原因。除了事业上的得意之外，生活中的他也有很多朋友。他生活得很快乐，并把这种快乐传递给每一个与他接触的人。

其实，道理都很简单，也很明了。如果你在对待他人的问题上总是抓着别人的缺点不放，就会忽略掉他人的优点。有时这样的心态和做法恰好过滤掉了让自己幸福的机会。

学会宽容地对待别人，对于那些知道自己错误的人，给予他们宽容的微笑就是最大的鼓励。也只有给予别人宽容才会让自己有一个更好的心情去感受生活中的美好。

宽容是一种修养促成的智慧，只有那些胸襟开阔的人才会宽容，让这种无声的力量浸透到每一个人的心灵深处。对人对事，不是所有的方式都是固定不变的。对于犯错的人，假如他所做之事不是滔天大罪，且有悔过心理，我们都应该以大海一般的胸怀接纳他，让他感受到温暖，使每个人的心灵都充满幸福的感觉。

解除欲望的枷锁

欲望是人类共有的负累。欲望像一个牢笼，里面的人难以逃脱，这也是人们不幸福的原因。俗话说无欲则刚，太多的欲望往往会让我们变得不堪一击，为了利益习惯妥协。等到妥协换得的不如想要的那么多，心理落差会让我们觉得不幸福。因此，少一点欲望，恰恰是让自己幸福。

有一个故事说，有个人去沙漠寻找宝藏，可是宝藏还没有找到时，身上所带的食物和水都已经用完了。没有了食物和水，他只能静静地躺在沙地上等待死神的降临。在奄奄一息的时刻，他向佛做了最后的祈祷："佛啊，请你帮帮我这个可怜的人吧！"没想到佛真的出现了，并问他："你想要什么呢？"

他急忙回答："我只要食物和水，哪怕只是很少的一点也行啊！"

佛满足了他的要求。可他吃饱喝足后，仍然决定继续向沙漠深处进发。通过辛苦的努力他终于找到了宝藏，看见满眼的财宝他恨不能一下子装满自己的每一个口袋，因此，他使尽所有的力气背着财宝上路了。可是，没走几步饥饿和干渴就再次袭来，由于体力不断下降，他不得不扔掉一些金银珠宝。他一边走一边扔，后来把身上所有的宝物都扔掉了。最后，他躺在地上，再次等待死亡的临近。这时佛又出现了，问："现在你要什么东西呢？还想要宝藏吗？"他有气无力地回答："食物和水，更多的食物和水！我不想要宝藏了。"

　　我们有时候也像这个故事里的人，永远不知道满足，于是便让自己陷在欲望的深渊里难以自拔，内心的平静被打破，就很难收获到快乐了。每个人都希望幸福一点，但是，一个人是否幸福并不是以金钱的多寡来衡量的。许多人正是因为认识出现了偏差，才让自己在对财富的追逐中离幸福越来越远的。

　　人不能否认欲望，因为有欲望才能促使自己不断地拼搏和进取。但如果任其无限制地扩大而不加控制的话，人就会变成欲望的奴隶。在实现这些欲望的同时，能够为自己的幸福争取一席之地的时间就会越来越少。

　　西班牙和美国心理学家在1992年巴塞罗那奥运会田径比赛场上，用摄像机拍摄了二十名银牌获得者和十五名铜牌获得者的情绪反应。心理学家们发现，在颁奖台上的"第三名"看上去比"第二名"更高兴。研究人员分析认为，因为铜牌获得者通常不是期望很高的人，获得铜牌已经很高兴了，而银牌得主往往是冲着金牌而来，他们的期待高于成就，就会为没有夺得金牌感到难过。

　　可见，我们的生活往往要受到欲望和期待的影响。在一定程度上，欲望是否得到了满足决定了我们的幸福感。仔细想想会发现如果我们本没有抱太大希望，得到的也许会更多，至少不会让心情受到影响，获得幸福的机会也就更多。

自信是让自己幸福的源泉

如果我问你，世界上你唯一可以一直相信的人是谁？也许你会回答是父母。但是，父母是否可以在每一个时刻都能洞察你的心灵、给你勇气、让你坚强？这时的答案，或许就会是否定的了。这个世界只有自己能够清楚地知道自己的每个想法，父母虽然可以在某一个时刻给你鼓励，但是，如果你不够自信，那么，鼓励充其量只是一剂催化剂，而不会让你发生质变。只有相信自己的时候，内心才会充实，体内潜藏的能量才会真正爆发，也因此才能取得另他人难以企及的成绩。

和田一夫曾经说过："没有信念支持的人，没有自信，不能坚定意志，所以只能一事无成，失败而又痛苦地过一生。"和田一夫认为他的亲身经历可以证明一个道理：任何人都拥有追求幸福和财富的权利，只要他拥有了执着的信念，坚定的信心，就可以成为一个富翁。

事实确实如此。历史上最伟大的人物丘吉尔就是因为有了自信的支撑，才由平凡走向了成功。丘吉尔出生于爱尔兰，七岁入学读书，直到中学毕业，他的学习成绩一直不好，老师认为他低能、迟钝，不会有出息。但丘吉尔对自己充满信心，他刻苦学习英文，又到印度从军，并利用那段时间阅读各种书籍。

经过磨炼，丘吉尔成功地掌握了四万个英语单词。后来，他被任命为英国首相，率领英国人民参加了伟大的反法西斯战争。

丘吉尔在就职时所发表的"我没有别的，只有热血、辛劳、眼泪和汗水贡献给你们"的演讲词，成为演讲初学者的范文。

这就是自信的力量！世界上有很多这样的成功人士，他们给我们树立了一个个成功的楷模。

保罗是一位很有成就的新闻记者。六岁时他以难民身份抵达美国，开始由于语言不通而受到同学们的嘲笑。对于嘲笑他的同学，他不是大打出手，便是转身逃避，结果产生了诸如此类的想法："不要破坏现状""到了人家这里就该知足"以及"这种东西轮不到你"，等等。

后来在一次夏令营活动时，他的生命有了转折。"他们要我担任营里最重要的职务——岸边指导员，因为我具备必要的资格，"保罗说，"这时，我照例听到内心深处一个声音在说：这种东西轮不到你。可是我愿意试一试，一种强烈的要改变现状的念头敲击着我的心灵。于是，我便答应担任那个职位。"

保罗不能肯定他当时怎么会克服内心的障碍，但是他做到了。那一刻的确改变了他的一生，使他摆脱了心理羁绊，变成一个自信、独立，懂得如何把握幸福的人。

好的念头不会自动地在头脑中产生。我们之所以能够发展，是因为我们决心能积极应付所遭遇的一切。一位五十八岁的农产品推销员奥维尔·瑞登巴克以不同品种的玉米做实验，设法制造出一种松脆的爆米花。他终于培育出理想的品种，可是因为成本较高没有人肯买。

"我知道只要人们一尝到这种爆米花，就一定会买。"他对合伙人说。

"如果你这么有把握，你为什么不自己去销售？"合伙人回答道。

合伙人的话击打着他的内心，他知道万一失败了，会损失很多钱。在他这个年龄，本来应该坐在家中享享清福，有必要出来冒这个险吗？想了很久他决定拼一拼。于是，他委托一家营销公司，为他的爆米花设计名字和形象。不久，奥维尔·瑞登巴克就在全美国各地销售他的"美食家爆米花"了。今天，它是全世界最畅销的爆米花。而这些，完全是他甘愿冒险的成果，也正是因为他有这样的勇气，才收获了成功。

"我想，我之所以干劲十足，主要是因为有人说我不能成功，"现年八十四岁的瑞登巴克说，"那反而激发了我的斗志，想要证明给他们看我是正确的。"

通往成功的路途总是布满艰辛的。只有以坚强的意志做支撑，才能登上成功之巅。如果一遇挫折便动摇，怀疑自己，那么也不会有太大的成绩。自信并不等于自负，不是妄自夸大自身的实力。它是在对自身有清醒认识的基础上建立起来的信心，也是一个人具有坚强意志的表现。它是我们内在的精神力量，只有建立起信心，才能在通往成功的道路上越走越远。

让自己潇洒一点

有的人处理问题时总是小心翼翼，瞻前顾后、犹豫不决，结果一生都被这些琐事纠缠着脱不开身，矛盾给予的痛苦也总是如影随形地跟着他们。与其这样痛苦地活着倒不如潇洒一点。对于过去，不必耿耿于怀，结局无论好坏都已成往事，且把它看作过眼云烟，新的生活才是最需要把握和接纳的。如果做不到这一点，就只能像个在流水线上精力不足的员工一样，依次感受着每一件产品在面前快速划过而自己又跟不上它运行速度的痛苦，这样经久的痛苦远超过放弃的痛苦。

"矢志不渝"的态度是正确的，这一点值得称赞，但假如这条路根本没有坚持的必要，又何必让自己空等一个毫无意义的结果？就算自己等到了，还会幸福吗？况且你还应该知道，放不下这一处的风景，就会失去更多的风景，从而错失更多幸福的机会。在某种情况下，只有学会放弃，学会及时调整自己，才能体会到快乐。

蒲松龄曾四次科考落第。当他认清官场黑暗，科考无门时便放弃了"科考"这条路，而选择了著书立说，他立志要写一部"孤愤之书"。为了自勉，他在压纸的铜尺上镌刻了一副对联，上书：

有志者，事竟成，破釜沉舟，百二秦关终属楚；

苦心人，天不负，卧薪尝胆，三千越甲可吞吴。

蒲松龄以此自敬自勉，终于写成了一部文学巨著——《聊斋志异》，自己也成了万古流芳的文学家。他虽然科举落第，与仕途无缘，却找到了成就自己的另一种途径。如果他一味坚持而不知变通，文学史上便少了一个伟大的文学家。正应了那句古话：塞翁失马，焉知非福。只有学会调整自己而不是盲目地坚持，才能取得成功。

由此可见，人应该有一点决绝的勇气，选择该选择的，放弃该放弃的，否则，可能一事无成。法国哲学家、思想家蒙田曾经说过，"今天的放弃，正是为了明天的得到。"为什么有的人活得轻松，有的人却活得沉重？前者是拿得起，放得下，而后者是拿得起、放不下。生活有时会逼迫你，不得不交出权力，不得不放走机遇，甚至不得不抛弃爱情。但是，如果一次放弃可以换回更好的结果，为何不学会放弃，学得更加潇洒？放下时所承受的痛苦也许撕心裂肺，但是，这样做可以让你解脱，从而更加顺利地从困难中走出。人生，总是有得有舍。你不懂得这个道理，就会给心灵增添无尽的负担。

现实的残酷性永远不会给我们机会。没有拿得起放得下的勇气，就不要奢望得到想要的东西。

苦苦地挽留夕阳，生命会黯淡无光；久久地感伤春光，生命会失去很多色彩。什么也不愿放弃的人，常会失去更珍贵的东西。做人要潇洒一点，学会取舍，学会放弃，学会将心灵上的绳索一刀斩断，这样，才能体会到幸福。

尊重自己

一个人对自己的态度，在一定程度上也就决定了别人对他的态度。一个对自己都没有信心、自轻自贱、总觉得自己不如别人的人，别人在注意到他的目光中，也只能是怜悯和同情。要想得到别人的尊重，首先要自己尊重自己。

很多时候，当别人说起《简·爱》时，我就会想起那个影响我一生的人物形象。在我心中简·爱是伟大而完美的。简·爱留下了一段经典的爱的宣言："你以为我贫穷、低微、不美、矮小，我就没有灵魂，也没有心了吗？你想错了！我和你一样有灵魂，也完全一样有颗心！要是上帝曾赐予我一点美貌、大量财富的话，我也会让你难以离开我，就像我现在难以离开你一样。"

简·爱认识到了自己在财富和相貌上的缺陷，但她并不因为这些觉得自己低微。在她的心里，这些都只是一点资本，最重要的永远都是人格上的平等。她的自尊在这句话里表露得酣畅淋漓，细致入微。如果你将整部作品看完之后，也许还会发现，简·爱始终都是一个自尊心很强的女子，正因为她对自己的那份尊重，才得到了罗切斯特的爱。

后来在婚礼上，简·爱得知罗切斯特还有一个妻子。虽然她疯了，而且，他们之间也毫无感情，但她还是毅然离开了自己一直深爱的罗切斯特。后来，一场大火毁了庄园。罗切斯特变得一无所有，甚至瞎了眼睛，简·爱又回到了他身边。那个时候他是自由的。他们终于走在了一起，而我们也终于等到了大团圆的结局。

如果说简·爱的选择有什么值得商榷的地方，你应该说她不仅选择了爱，更选择了尊严。生活中我们经常会遇到一些人因为爱对方宁愿放弃自尊，岂不知对方若是看到你这样地践踏自己，他（她）也会将你的尊严搁置一边，这样的感情最后只能走到末路。我们不能因为爱，就忘记了自尊，如果没有尊严，没有平等，爱情将走向悲哀。

"越孤单，越无亲无友，越无人依靠，我越是要尊重自己。"简·爱不卑不亢对罗切斯特这样说，穿梭了时空，这句话依然拥有震撼坚决的力量。

每个人都应该如她那样自尊自爱，只有这样才会得到真正的幸福。学会尊重自己，自尊心不单是在别人批评你时，你流下的委屈泪水或辩驳的言辞，也不单是为了荣誉而废寝忘食地奋斗，更应该是接受并喜欢自己，是尊重心灵意愿、为自己而生活，以尊严捍卫幸福。

自尊并不等于爱惜自己的每一片羽毛。假如你做错了，别人出于好意提了出来，你却暴跳如雷，对别人恶言相向，那就叫自恋或者自负了。一个人的自尊不是要来的，而是靠不断进步争取来的。只有争取到了自尊，才能得到别人的尊重，才能真正体会到人生的快乐。

不要计较小事

有一位禅师非常喜爱兰花，在平日弘法讲经之余，花费了许多时间栽种兰花。有一天，他要外出云游一段时间，临行前交代弟子要好好照顾寺里的兰花。在这期间，弟子们总是细心照顾兰花。一天一个毛手毛脚的小徒弟在浇水时不小心将兰花架碰倒了，所有的兰花盆都跌碎了，兰花散了满地。弟子们因此非常恐慌，打算等师父回来，向师父赔罪领罚。禅师回来了，闻知此事，便召集弟子们，不但没有责怪，反而说道："我种兰花，一来是希望用来供佛，二来也是为了美化寺里环境，不是为了生气种的。"

禅师的话意在告诫弟子不要在意小事。我们经常会因为许多小事生气，其实许多事完全没有必要放在心里，太在意身边的一些琐事，有时会在无意之间丢掉幸福。

有的人对于周围的一切都极度敏感，总是曲解和夸张外来的不良信息。这种人无非是在用一种狭隘而幼稚的认知方式，为自己营造可怕的心灵监狱，自寻烦恼。看看那些生活幸福的人，也许会得到启发。

有一天，米尔养的一头牛，为了偷吃玉米而冲破附近一户农家的篱笆，最后被农夫杀死。依当地牧场的共同约定，农夫应该通知米尔并说明原因，但是农夫没有这样做。

米尔知道这件事后，非常生气，于是带着佣人一起去找农夫论理。此时，正值寒流来袭，他们走到一半，人与马车全都挂满了冰霜，人也几乎要冻僵了。好不容易抵达木屋，农夫却不在家，农夫的妻子热情地邀请他们进屋等待。米尔进屋取暖时，看见妇人十分消瘦憔悴，而且桌椅后还躲着五个孩子。

不久，农夫回来了，妻子告诉他："他们可是顶着狂风严寒来的。"米尔本想开口与农夫论理，忽然又打住了，只是伸出了手。农夫完全不知道米尔的来意，便开心地与他握手、拥抱，并热情邀请他们共进晚餐。这时，农夫满脸歉意地说："不好意思，委屈你们吃这些豆子，原本有牛肉可以吃的，但是忽然刮起了风，还没准备好。"孩子们听见有牛肉可吃，高兴得眼睛都发亮了。吃饭时，佣人一直等着米尔开口谈正事，以便处理杀牛的事，但是，米尔看起来似乎忘记了，只见他与这家人开心地有说有笑。饭后，天气仍然相当差，农夫一定要两个人住下，等转天再回去，于是米尔与佣人在那里过了一晚。第二天早上，他们吃了一顿丰富的早餐后，就告辞回去了。

在寒流中走了这么一趟，米尔对此行的目的闭口不提，在回家的路上，佣人忍不住问他："我以为，你准备去为那头牛讨个公道呢！"米尔微笑着说："是啊，我本来是抱着这个念头的，但是，后来我又盘算了一下，决定不再追究了。你知道吗？我并没有白白失去一头牛啊！因为，我得到了一点人情味。毕竟，牛在任何时候都可以获得，然而人情味，却不容易得到。

故事中的米尔，尽管失去了一头牛，却换得农夫一家人的笑容和幸福以及难得遇见的人情味，这段经历，更让他懂得生命中哪些才是无价的。有些事会不会引来麻烦和烦恼，完全取决于自己怎么样看待和处理它，所谓事在人为，结果就大相径庭。不在意小事，就是别总把一些影响心情的小事放在心里，不要去钻牛角尖，别太要面子，别小心眼，甚至动辄大喊大叫，以致因小失大，后悔莫及，不要有那么多的猜疑敏感，不要曲解别人的意思。

不要太看得起自己

看得起自己的人应该是一个积极自信的人，但太看得起自己的人也很容易走向极端，变得敏感多疑，成为一个自负的人。

相传南宋时江西有一名士傲慢至极，在他看来所有人都不值得他正眼相待。有一次他提出要与大诗人杨万里相会。谦和的杨万里当然表示欢迎，并希望这位名士能带一点江西的名产配盐幽菽给自己。可没想到这位名士见到杨万里后开口就说："请先生原谅，我读书人实在不知配盐幽菽是何俗物，无法带来。"杨万里则不慌不忙地从书架上拿下一本《韵略》，翻开其中一页递给名士，只见书上明明写着"菽，配盐幽菽也"。

原来杨万里只是让他带一些食用的豆豉。名士羞得面红耳赤，恨自己读书太少，再也不敢那么自负了。

自负的人很容易因为不能看清自己而自以为才高八斗、不可一世，或者自以为有钱有势而以权势压人。殊不知，天外有天、人外有人，那些真正有才华有权势的人绝对不会自认高人一等。越是有成就的人，越知道应该以什么样的姿态处世。他们虚怀若谷，从不傲慢待人。因此，得到别人赏识，得到最好的回报，获得应有的幸福。

曾在一段戏文里领略过唐朝大将郭子仪的处世智慧。他功高盖主，被封郡王，联皇姻，掌兵权。但郭子仪深知功高位显，很可能在不经意间遭杀身之祸，因此，他没有表现出骄矜之气，非常低调，当然也就保全了自己。他的儿子郭暖娶了升平公主为妻。公主仗着金枝玉叶的身份难免会使点小性子，夫妻两人经常拌嘴。有一次二人因为拜寿之事吵得不可开交，郭暖气愤至极开口便说："你家的天下是我老子争得的，只是我老子不想当那个天子。"甚至还动手打了升平公主一巴掌，升平公主大怒："你敢造反！"跑回皇宫告状。郭子仪得知儿子给他捅了这么大的娄子，快速捆着儿子一路狂奔到皇上那里请死罪。皇上心里岂有不明之理，但鉴于郭家的权势和郭子仪的脸面，他找了一个台阶说："小夫妻拌嘴，很正常，很正常，我们这些父辈就不必多管了嘛。"然后还把升平公主批评了一通。

郭子仪晚年在家休养时，德宗的宠臣卢杞登门拜访。平时，别的大臣拜见他，郭子仪未必正式接待。但一听卢杞要来，郭子仪忙令众侍妾退下，毕恭毕敬的等候这位相貌奇丑的宠臣。在与卢杞交谈时，他虽贵为王爷，却态度温和、平易近人、丝毫没有架子，卢杞自然很受用。卢杞离开后，众妾很奇怪，问他为什么如此礼遇卢杞。郭子仪说："卢杞是一个相貌丑陋而心胸险恶的人。如果我哪天去世，他大权在握，必然会拿我们家开刀。我现在对他毕恭毕敬是希望他以后不会让我们家人受苦。"这就是郭子仪的聪明之处。

因此，在任何人面前我们都不要太看得起自己。在君子面前太看得起自己容易流于世俗，在小人面前太看得起自己容易招致更为可怕的灾难。把姿态放低一点，不是对自己的否认，而是对自己的承认和对他人的肯定。清楚了这一点，才能活得游刃有余、自在快乐。

怀有感恩之心

怀有感恩之心才能体会得到帮助之后的幸福，如果一个人不知道感恩，这个世界对于他而言就没有任何幸福。

张丽小时候很淘气，她的父亲脾气很暴躁，挨打和挨骂几乎是她的家常便饭。在她的记忆里，父亲甚至没有对她温柔地说过一句话。有一次，只为一道数学题父亲竟然将张丽的脸打得红肿。当时的张丽尽管还小，但已经知道什么是耻辱。从那之后，她的心里就不再有女儿对父亲的那份依恋。在家里遇到父亲时，从不会主动说话，甚至有意和父亲保持一段距离。看到别人家的女儿还能够在父亲的怀里撒娇，张丽怀疑自己是不是父亲的亲生女儿。渐渐地，她长大了，可是与父亲的那个心结始终都没有解开。父亲也知道女儿对他一直都不友好，所以，他也不会主动表示什么。转眼间女儿要去上大学了，父亲埋着头忙里忙外地收拾女儿的生活必需品，然后把她送到另一个城市。安排好一切之后，他要走了，可是看见路边的小摊上有卖苹果的，他又掏出钱给女儿买了一大堆苹果。而当时交完学校所有的费用之后，他已经没有足够的路费回家了，张丽对他说："这苹果我不要，要不然你怎么回家？"他笑笑说："我没事，回去的时候，我还可以和小霞的哥哥借，他和我一路。"于是，他头也不回地走了。当时的张丽忍不住泪流满面，不知道是因为以后要独自面对生活，还是因为和父亲的分别……

三个星期之后，张丽给家里打电话，母亲问过她的生活情况之后，突然停顿了一下问："你说是我对你更好一点，还是你爸对你更好一点？"张丽不加思索地说："还是妈对我更好一点。""错了，还是你爸对你更好一点。"母亲声音异样地说："你知道吗？你爸送你到学校回来之后，一直都没有笑过，也从没有对我说起过你在那边的情况。昨天晚上，他从梦中哭醒，我问他怎么了，他说他梦见同事的儿子回家和家人说在学校里受苦了，就想起你一个女孩子在学校也不知道有没有受苦，离家这么远也不知道过得好不好，所以就哭醒了。然后他才把你学校里的情况跟我说了，他说他那天回来的时候怕你看见他流泪就没有回头，上了车之后他还在车上哭了好一阵。"听着母亲说的这一切，站在电话另一头的张丽才明白父亲的付出，才知道以前自己是多么狭隘。

没有哪一个父母不爱自己的孩子，但不是所有的父母都善于表达这份爱。看着父亲越来越多的白发和越来越瘦的身体，张丽为自己不曾有过的感恩忏悔。

事实上，我们也经常会有这样的现象。面对父母或是他人的关爱，从不表示感谢，认为这是理所当然的。缺少感恩之心，正是心理冷漠的一种表现。一个人只有学会感恩，才会知足，才会体会到生活中的快乐。

"谁言寸草心，报得三春晖。"我们身边每一个关心我们的人都用自己的方式爱着我们，用他们的温暖照亮我们的生活，而我们该用什么样的方式回报这一切？我们的感恩是否可以先从感谢父母开始，然后推而广之？

世界的温暖不是一个人的温暖，所有人的温暖加在一起才可以让这个世界充满关怀的幸福。我们都要怀有感恩之心，并将这种感恩传递。由亲人传递到朋友，由朋友传递到陌生人……并一直传递下去。只有这样，我们才可以看到幸福在所有的地方蔓延。

第六章 寻找自己的幸福

做自己喜欢的工作

　　一个人有幸做自己喜欢的工作是一件快乐的事，能够让自己喜欢做的事成效突出更是一件幸福的事；相反，假如你总是做着自己不喜欢的工作，这份工作于你而言就是一件非常痛苦的事，更谈不上幸福。

　　做喜欢做的事，会很主动、很卖力，做不喜欢的事，当然就缺乏激情，总感觉这样的工作是一种心理负担。人的一生，要做许多事。有些事是必须做的，比如吃饭、喝水、睡觉。有些事是被迫做的，比如为了生存的需要，不得不做违心的事，说违心的话，这些事不做痛苦，做了可能会更痛苦。但是，除此之外，我们总会找到自己喜欢做的事，如果能做喜欢做的工作，也许心里的不快就会稍有缓解。

　　做喜欢的工作是幸福的。因为可以在工作的过程中享受到自己用心去做的一切，这样的幸福不是刻意追求的结果，是与做事的过程相伴而生的。因为喜欢，你会迸发出无穷的活力，即使有再大的困难也敢于克服；因为喜欢，你会勇往直前，绝不轻言放弃；因为喜欢，你总会让自己所有的努力在最后的等待中看到光明。做自己喜欢的事，使我们看到的是人生最美的风景，享受到的是生活最美好的感觉，所以，生活中总有人放弃高薪、权势只为追求自己想做的事，平复心灵的渴求。

刚刚有一位朋友放弃目前的高薪工作，准备考研。理由就是自己虽然赚钱很多，但不喜欢现在的工作，所以选择考自己喜欢的专业，即使从头再来也不觉得可惜。他的举动让周围的很多人震惊，毕竟他目前的收入比日后选择的那个专业的收入要高。但是，用他的话来说，他只是希望自己这一生当中做喜欢的事。他选择的那个专业的研究生只招二十名，而他本人也承认，专业知识差得太远。但是，他很坚决，那是他心中的一个梦。为了梦想而放弃优越的物质生活，不能不说是一种勇气。

一个人真心喜欢自己的工作，就会将整个身心投入进去，专注地投入让他比常人更容易取得成绩，并从中获得他人无法拥有的快乐。在过程中，自身的价值得到了体现，内心的自我认同感也得到了满足。

美国内华达州的一所中学曾在入学考试时出过这样一道题目：比尔·盖茨的办公桌上有五只带锁的抽屉，里面风别装着财富、兴趣、幸福、荣誉、成功。而比尔·盖茨总带着一把钥匙，其他的四把锁在抽屉里，请问他每次只带哪一把钥匙？其他的四把锁在哪一只或哪几只抽屉里？有一位聪明的同学在美国麦迪逊中学的网页上看到了比尔·盖茨给该校的回信，他说："在你最感兴趣的事物上，隐藏着你人生的秘密。"这无疑是正确的答案。做自己喜欢的工作，只有这样，你才能取得别人难以取得的成绩，获得令人难以企及的成功。

找准自己的位置

做企业要给自己的企业定位，做媒体要给自己的媒体受众定位，同样的，人生中也需要给自己定位，找准自己的位置才能如鱼得水，在属于自己的领域里才能游刃有余，大展宏图。

那么，如何给自己进行定位呢？

首先要分析自己的性格，如果你是外向开朗的性格，则适合做与人打交道的工作，比如营销，记者、公关等；如果你的性格相对内向，那么你则适合需要长期伏案的工作，比如编辑、财会、办公室人员等。

其次要找出自己的优点和缺点，发现自己所擅长的事情，如果你擅长唱歌，并且有很好的外形条件，那么你可以尝试着向演艺界发展，也可以学习乐器或者舞蹈；如果你的文笔较好，擅长公文文件的整理写作，同时你又是个渴求稳定的人，那么报考公务员对于你是一个很好的选择。尺有所短，寸有所长，重要的是要发挥各自的优势，做起事情来才会事半功倍，轻松快乐。

再次，兴趣爱好决定了你在所在的领域能有多大的发展前景，要在事业上有所作为，除了性格、专长方面的因素外还要考虑到自己的兴趣爱好。这样去定位人生，生活才会时时出现让人意外的惊喜收获。

爱因斯坦小的时候很笨，一度被人嘲笑为最笨的孩子，他性格腼腆内向，不善交际，但是对科学充满了浓厚的兴趣，想一个问题思考很久，不但不觉得乏味，反而乐在其中。后来爱因斯坦成了举世闻名的科学家，考究他的成长经历和事业选择，是最准确的事业定位成就了一代伟人的科学大业。

从小到大，比特做什么事情都比别的孩子慢半拍，同学讥笑他笨，老师说他不努力，后来比特进入了一所交钱就可以上的大学，一份报纸上说这所大学是一所没有不及格的学校，只要学生的爸爸有钱没有不被录取的。当时比特就下定决心，他要用自己未来的发展证明这个说法是错误的。大学毕业以后，比特进入房地产业发展，22岁时，他开了一家属于自己的房地产公司。此后，在美国的四个州他建造了近一万座公寓，拥有九百家连锁店，资产达到数亿美元。

比特本来是大家公认的一个笨孩子，他是怎样取得如此辉煌的成就的呢？

比特说："每个人都有自己最强的一项，有人会写，有人会算，对于有些人困难的，对于另一些人来说可能就是很简单、很容易的，我想强调的是：一定要做最适合自己的事情，找准自己的位置，不要为迎合别人的要求去做一件自己不擅长又要付出巨大代价的难事。"

　　汪飞毕业于某理工大学机电工程专业，今年26岁，工作4年已换了6份工作，且每份工作时间呈递减趋势。第一份工作是在某合资企业做工程师，干了一年；第二份工作是一家民企技术员，做了9个月；而去年的一年内，他走马灯似的换了4份工作，做过市场推广、计算机程序员、工厂电工，最后一份工作仅一个星期就辞掉了。

　　现在汪飞又回到了刚毕业找工作的状态，又开始投简历，开始去不同的公司面试。这种情况让他感到很是苦恼和迷茫：不知道自己究竟适合什么职业，更不要说体会职业的快乐了。

　　其实，现在像汪飞这样频繁更换工作的年轻人不在少数，这些人的主要问题在于对自己的兴趣爱好和性格特征了解得不够，不能够选择自己有兴趣且能够发挥特长的工作，不能准确地给自己在职场中找一个合适的位置。汪飞应该寻求职业规划专家的帮助，通过科学的方法，测评出自己的职业兴趣、工作风格、工作价值取向等方面的内容，帮助自己走好职业之路。

　　我们知道，作为一个新员工，在他刚进入一家企业时，企业通常对新进入职人员都是一视同仁的，从起薪到工作都没有什么差别，那么，在这样的情况下，我们如何才能在这个企业里获得发展呢？这就要看你选择的这家企业如何了，如果你选择了一个好的企业，你就会有一种感觉，这种感觉就是鱼和水的关系。你会充分地感受到只有在属于自己的水域里，我们才能快速地成长、繁衍。只有在适合自己发展的公司里，我们才会有充分属于自己的事业发展空间，让我们能够施展拳脚，才尽其用。因此，选择合适的公司在我们的职业生涯中非常重要。因为这关系到你相关行业经验的积累和自身技能的增长。

一个聪明的人，如果没有做最适合自己的工作，他不可能取得成功；一个笨拙的人，如果他能全面地了解自己并找准自己的位置，那么他也可能获得成功。

讲究工作的方法

工作不是我们想当然就能做到高效和高质量的，在工作中，要使自己出类拔萃就要讲究工作方法，这样你的辛苦付出才能事半功倍。

俄罗斯有句谚语："巧干能捕雄狮，蛮干难捉蟋蟀。"可见讲究方法的重要性。

埋头苦干的精神在一定程度上是值得表扬的，但是光知道做而不讲究方法，加班加点工作却没有效率，却不值得提倡。你看起来似乎很忙，一直在不停地做事，却是本该一天完成的工作，三天还没有完成，这样你不仅浪费了时间和公司资源，还拖后了工作进度。

讲究工作的方法首先就是要有明确的目标。

没有明确的目标，你就永远无法到达终点。或许你每天看起来也是忙忙碌碌埋头苦干的，但是却没有一点效果，工作中老板要的是结果，而不是你每天忙碌的工作，却没有任何成绩。

很多公司都有做年终总结的要求，老板会要求员工对一年的工作做个总结，对新一年的工作做出规划。尽管这好像是例行公事，但事实上，回顾自己这一年来的工作，为新一年的工作做个计划还是很有必要的。年底的时候最好问问自己：新的一年准备做什么？有什么新的计划？这一年里我要完成什么样的目标？有了新的目标，你的工作航向才会变得清晰，不至于茫然行走，瞄准了既定的目标，才可以加快速度，全力前行。

其次，要找出适合自己的表现角度。

张晨是一名普通高校的毕业生，刚进入投资公司工作时，他看起来才智平平，没有什么特别之处，不过了解他的人都知道，他的发展会比其他员工快很多。张晨自己也清楚，有时候，勇气和耐心会比埋头苦干更有效，工作中要讲究方法。

从参加第一天的员工会议开始，他就勇于发言，给领导留下了初步印象。当其他新员工埋头苦干、还分不清单位里谁是谁的时候，张晨已经掌握了公司的大致情况。进入公司不到一年，张晨成了部门经理。

看到自己的优势和劣势，采取适合自己的方法做事，这样有效的工作，你才能不断升迁。

第三，分清主次，合理安排时间。

合理有效的工作方法，不仅可以节约资源，还可以大大提高你的工作效率。没有电脑以前，人们习惯用纸写字，记录事情。写一封信要花很长时间去邮寄，等对方看到，最快也要三天以后了。现在科技发达了，一封电子邮件，发给对方以后，几分钟收信人就可以阅读。大的工业生产和生活是这样的，基于我们日常的工作也需要讲究方法。要合理有序地安排工作，分清主次。制定一个清晰的工作安排表，有条不紊地进行，这样既可以避免眉毛胡子一把抓，又可以很快地完成重要的工作。

伯利恒钢铁公司总裁查理斯·舒瓦普先生会见效率专家艾维·利，希望艾维·利帮助他更好地把制订的计划付诸行动。艾维·利说可以在10分钟之内给舒瓦普一件东西，这东西能让他的公司业绩提高至少50%，然后他递给舒瓦普一张空白纸，说："你把你明天要做的6件重要事情写在这张纸上，并用数字标明每件事情对你和公司的重要顺序，现在把这张纸放进你的口袋，明天早上的第一件事情就是把纸条拿出来，专心致志的做第一项工作，直到最终完成为止，然后再开始做第二项，第三项……直到你下班为止。倘若你只完成了五件事情，那也不用担心，因为你总是在做着最关键的事情。"

艾维·利还叮嘱舒瓦普："每天都要这样做，直到你对这方法深信不疑之后，让你公司的人也这样做。这个实验随你愿意做多久就可以做多久，然后你再给我寄支票来，你认为值多少就给我多少。"

几个星期以后，舒瓦普给艾维·利寄去了2.5万元的支票，还附了一封信，信上说，从金钱的观点来看，他上了这一生中最有价值最难忘的一课。五年以后，舒瓦普当年那个鲜为人知的小厂一跃成为世界上最大的独立钢铁企业。其中，艾维·利提出的方法功不可没。

好的工作方法可以节约时间、资金，还可以帮助你迅速地从默默无闻走向成功。

　　《射雕英雄传》里面有一个情节：黄蓉被一个巨大的海蚌夹住了脚，费了很大力气也掰不开，结果抓了一把细沙放到蚌壳里面，蚌就自己打开了，因为蚌最怕的就是细沙。

　　可见，做事情要抓住关键。找到了有针对性的方法，既可以减少劳动量，又可以达到事半功倍的效果，这样去工作，怎么会不快乐呢？

敬业成就人生

众所周知，敬业是一种职业态度。很多公司在招聘中都要考核应聘人员是否敬业，作为职场中人，敬业是我们应该具有的基本职业素质。要做到敬业就要在工作中严格要求自己，而不能松松散散地混日子，日子混久了，你会给你的老板和同事留下"不敬业"的印象。

IBM公司的创始人沃森说，敬业是一种美德，IBM公司将"敬业"和"思考"作为公司永不终止的信条和追求。要求加入公司的员工都要具有敬业精神。

敬业，就是尊敬、尊崇自己的工作。把工作当成自己的事情。如果一个人以一种尊敬、虔诚的心灵对待工作，忠于职守、尽职尽责、认真负责、一丝不苟，他就已经具有敬业精神。

每个公司都需要脚踏实地、踏踏实实工作的员工。敬业精神在当今企业中，是衡量员工的首要标准，它关系到企业的生存与发展，关系到员工的切身利益。

沃森曾对IBM的员工说："如果你是敬业的，你就会成功。只要热爱工作，工作的水平自然会提高。对工作敬业的人没有时间来苦恼，也不会因困惑而动摇。"

低层次的敬业是为了对老板有个交代。从更高的层次来看，敬业则是把工作当成自己的事业，具有一定的使命感和道德感。不管从哪个层次来讲，在职场中，我们都应该做一个敬业的职业人，认真的做事，有始有终。

认真地工作，表面上看是为了获得领导同事的认可和赞扬，实际上是为了自己，如果你具有敬业的职业习惯，就能从工作中学到比别人多的经验，这些经验是你以后事业发展的铺路石。即使你以后不从事这个行业，你的敬业精神也会对你产生积极的影响，因为它已经为你做事的习惯，一个习惯认真做事的人，不论从事什么行业，都会不断进步，直到取得成功。

养成敬业的习惯之后，也许不能为你带来即时的好处，但可以肯定的是，如果你养成了一种"不敬业"的习惯，做事散漫、马虎，不负责任，这种习惯肯定会让你在你的职业圈内"臭名昭著"，结果可想而知。

敬业同时还是一种人生态度。对工作不负责的人，就是对自己的人生不负责。

詹姆斯大学毕业以后应聘到一家国际知名的大公司工作，刚开始他被分配到总部做行政工作，每天处理一些零星琐碎的事情，就在这个看起来并不怎么起眼的部门，当时聚集了很多博士或者有更高学历的尖端人才，这让詹姆斯感到压力很大。

工作了一段时间之后，詹姆斯发现部门里的很多同事都很傲慢，架子一个比一个大，仰仗自己的学历高、资历深，对于身边一些实质性的工作视而不见，大多数人都热衷于"第二职业"，并不把自己的工作当成头等重要的事情来做，一点敬业的责任感都没有。

詹姆斯并没有被这种懒散的氛围所影响，他一心扑到工作上，从早到晚埋头苦干，还经常加班加点。因此，詹姆斯的业务水平提高得很快，成为部门里不可缺少的人，也逐渐受到上级的重用。渐渐地，詹姆斯凭借着自己敬业的工作态度和干练的工作作风在同事中出类拔萃，成为部门经理的得力助手，没多久就受到公司的升职嘉奖。

詹姆斯的经历告诉我们，不管周围的人怎样，我们都要以敬业的态度来要求自己，做好自己的工作，并在工作中不断地学习和进步，这样你一定能在职场中有所作为，升职是水到渠成的事。

其实敬业不仅仅表现为认真负责的工作态度，它还是一种发自内心的要求上进，不甘平庸的勤奋精神。

戴维在一家医疗器械公司工作，他很不满意自己的工作，常常跟朋友抱怨说，老板一点也不重视他，整天不把他放在眼里，改天要跟老板摊牌，辞职不干了。

一个朋友反问他："你对公司的销售技巧都了解吗？他们做医疗器材的窍门你都掌握了吗？"

"没有。"

"所谓'君子报仇，十年不晚'，你可以在现在的公司好好学习一下，等把公司的销售运营完全弄通了，然后辞职不干。"朋友说，"你用他们公司，做免费学习的地方，什么都学会了之后，再一走了之，不是既出了气又有收获吗？"

戴维想想朋友的话也不无道理，决定利用还在这家公司工作的时间，好好学习，下班之后也常留在办公室里研究销售理论。

两年之后，这个朋友又问他："学习得差不多了，准备什么时候拍桌子不干了？"

戴维说："最近半年多以来，我发现老板开始对我另眼相看，不断地委以重任，又加薪，又升职，我现在已经是公司里的重要人物了"。

这是戴维的朋友很早就料到的事情。其实当初老板不重视戴维，是因为戴维能力不足，也不够努力，而后他痛下决心学习，能力不断得到提高，老板对这样的员工当然会刮目相看。

很多时候，我们不能只是抱怨环境不好，待遇不好，老板不好，而是应该反省一下自己，对于工作，我们有没有投入全部的精力，有没有养成敬业的习惯，如果这些我们都做到了，肯定会得到老板的赏识和重用的。

当我们将敬业当成一种习惯时，还能在工作的过程中找到快乐。不抱怨，怀着"感恩"的态度去工作。既然公司给了我们工作机会和发展空间，我们就有责任、有义务认真地去做好每一项工作，这样做不仅仅是为了工作或者别人，更是为了自己。

没人不需要爱

1942年的寒冬，在纳粹的集中营里，一次极其偶然的放风机会，他和她不期而遇了。也许是上帝的特殊安排，他们竟然在这种情形下相爱了。特殊的环境，使得他们没有更多的时间花前月下，他们只能趁放风的机会在一起待一小会儿，说几句话。然而，这样的日子也没有持续多长时间，后来他被转移到了另外一个集中营去。"二战"爆发后，他的所有亲人都离他而去，在这段艰难的日子里，她的音容笑貌就是支撑他继续生存下去的唯一理由。直到1957年，他们奇迹般地在美国相遇……他们紧紧地拥抱在一起。

在这世界上，始终有一种力量会让我们深深地感动着，甚至让我们泪流满面，这就是爱。让你心中的爱彭湃起来吧！只有这样，我们对生活才会抱着满腔的希望和热情。

在英国，有一对恩爱的小夫妻还有他们刚满两岁天真可爱的孩子组成了一个幸福的家庭。和天下所有的幸福家庭一样，这个三口之家也总是沉浸在其乐融融的欢快的氛围中。一个早上，丈夫像往常一样准备出门上班，他看到在桌子上有一瓶药水打开了，不过因为赶时间，他只是大声地告诉妻子要赶快把药瓶收起来。妻子此时正在厨房忙得团团转，还未等她把药瓶收起来，他们的儿子就已经好奇地把这瓶药水一下子吞到了肚子里面。惊慌失措的妻子马上将孩子送到了医院，但是由于孩子服食了过量的药物，医生也返魂乏术了。妻子被这个结果惊呆了，面对着风风火火赶来的丈夫，妻子一下子瘫坐在了地上。得知噩耗的丈夫望着地上瑟瑟发抖的妻子，他一下将她拥到怀里，轻声地对她说："Iloveyou，darling。"

在这里，我们不仅要对这个丈夫近乎天才的表现敬佩不已。毕竟，丧子之痛是一般人所难以忍受的。但是，这个伟大的丈夫之所以不同寻常就在于他已经意识到了，儿子的死已成事实。纵使再像寻常人那样又吵又骂又能有什么用呢？那只会使本已经近乎绝望的妻子更加伤心罢了。更何况不只他失去儿子，妻子也同样失去了儿子。

所以，在生活中，当你不得不去面对那些不幸的事情的时候，你尽可放下仇恨和惧怕，要知道逝者不返，勇敢地放下，或许事情的境况并不如想象中那么坏呢。

你自己选择什么方式去面对，又怎么去面对未来以及周边的人、事、物，这一切都由你自己决定！

大家都知道，诸葛亮年轻的时候，因为爱慕黄氏之女的品德和才能，不因其貌丑、肤黑、发黄而娶其为妻。两人的婚后生活十分美满，这对于诸葛亮事业的成功无疑是个重要的因素。相反，俄国大诗人普希金则由于过分追求美貌，虽然娶了莫斯科第一美人为妻，但是这个不贤的女人只会吃喝玩乐，到处卖弄风骚。普希金不甘忍受屈辱，结果在决斗中丧生。

所以说，轰轰烈烈的爱情固然让人如痴如醉，刻骨铭心。但是真实简单的爱情则让人心满意足，终生难忘。我们平凡的生活所需要的，仅仅是后者罢了。

有这样一对平凡的小夫妻：妻子从来不吃葱和蒜，但是在每天晚上的餐桌上都会有一碟辣椒、姜丝拌蒜泥，因为这是丈夫喜欢吃的，所以她也很乐意去做这道菜。丈夫从来也不进厨房，但只要一看到妻子将所有的饭菜都收拾到餐桌上，便会不由自主地斟上小半杯红酒递给妻子，说声"你辛苦了"，然后再尽情地享受桌上的美味佳肴，妻子则独自慢慢地品尝着杯中美酒。当然，他们也曾有过争执和矛盾，但双方都是用爱来化解自己的怨愤与不满。现在，他每天饭前还是习惯为她斟上一杯红酒，而她仍是乐于给他烹制他所喜欢的那道菜肴。这就是他们的爱情，就像他们餐桌上的菜肴和那小半杯美酒一样，平淡而有滋味。

生活中，学会爱人，也就选择了做一个幸福的人。

找对你的另一半

风雨人生路，总需要相依相偎。这就意味着我们要面对另一个现实：挑选人生的另一半。

前几天在报纸上看到一个故事很有感触，故事大概是这样的：朋友给女孩介绍了一个男友，两人相处了一段时间，女孩似乎对这段感情很不满意。原因也不是因为男孩不好，男孩是一个很优秀的大学生，只是家境不太好，因此女孩犹豫不决。母亲看出了女儿的心事，对女儿说："我给你讲个故事，也许会对你有所启发。"女孩心情烦闷，但还是安静地听母亲静静地讲述：

20世纪70年代，有一户人家，因为家里穷，孩子又多，最大的那个男孩都二十多了还没有对象，当时母亲很着急，找了很多媒人给他说媳妇，但人家看看男孩的家境就摇头了。男孩很有骨气说："妈，你别给我操心了，大不了我打一辈子光棍。"说罢就扛着锄头到地里干活去了。

这天，男孩正在热火朝天地锄地，母亲慌慌张张地跑来，说："孩子，先歇歇，跟我走。"男孩说："干什么去？"母亲说："相亲去。"母亲说完就拉男孩往家里赶。

到了家，媒婆早在那里等着呢！这个时候，男孩和母亲才想起来家里甚至连一身合适的衣服也没有，媒婆也看出男孩的尴尬，就说："不怕，你先洗洗头，我去去就来。"

等男孩洗好了，媒婆也回来了，还高兴地说："你看看，什么都有了。"原来媒婆给男孩借来了衣服，还给他借来了一辆崭新的自行车。男孩赶紧换上，跟媒婆到村头见面去了。和姑娘碰了面，媒婆简单介绍一下，说："你们聊聊吧！"就走了，这时，男孩才定眼看女孩，发现女孩非常漂亮，男孩就在心里打鼓，完了完了，这次又没戏了。接下来，男孩就语无伦次地说了一大堆话，说的什么男孩自己也记不清了，只记得女孩的笑，最后，男孩不想欺骗女孩，就直截了当地对女孩说："对不起，其实我家很穷的，这衣服和自行车都是我借人家的。"女孩听了还是笑。

男孩说完这话，头也不回地骑上自行车就走了，也不知道为什么，男孩回到家，就把自己关在屋里，嚎啕大哭了一场。没想到的是，过了几天，媒婆跑来说，上次见的那个闺女同意了，让我来问问你们还有什么意见？母亲和男孩都非常意外。这次不能再借了，母亲就赶紧把家里值钱的东西都卖了，为男孩做了身新衣服。

去女孩家那天，女孩一家人都在等着，其实女孩家就在邻庄，进了女孩的门，男孩有种熟悉感，女孩的哥哥出来迎接，看到女孩的哥哥身上的衣服，还有门口那辆自行车，都好像在哪里见过。这时，女孩偷偷捏了男孩一下，小声说道："怎么？刚借完就不认了？"这一句话说得男孩感觉自己脸烫烫的。

结婚那天，女孩才告诉男孩："知道我为什么愿意跟你吗？我天天去上班，路过你们村口，常常看到你在地里热火朝天大汗淋漓地干活，天那么热，很多青年都在阴凉的地方歇着，唯独你在那里干，我观察你多次，感觉你是一个可以依靠的男人，是你的勤劳打动了我，还有你的诚实。以前我把自行车和哥哥的衣服借过很多人，但他们都说是自己买的。"原来媒婆是这女孩的姑妈。这场相亲是女孩一手策划的。

母亲最后说："这个就是我和你爸爸的爱情故事。"看着女儿迟疑的表情，母亲接着说："孩子，穷不要紧，但只要穷得有资本，穷困都是暂时的困境。"母亲的话说得女儿一下子豁然开朗，女孩说："妈，我知道怎么样做了。"

因为现实生活的压力，现在的女孩子和男孩子们总是在择偶问题上考虑太多的物质因素。有的女孩子在选择自己的另一半时甚至只注重金钱，只要金钱充裕，不管对方的年龄有多大，或者品质有多么恶劣，她们都愿意将自己嫁掉。结婚之后才会发现许多事并不是那么简单，金钱并不能满足所有的需求，可是，悔之晚矣，她们只好默默吞咽自己埋下的苦果。

不管你是以怎样的心态去选择另一半，都要想好以后面对的所有结果。在上面提到的那个故事里，女孩的母亲当初之所以愿意嫁给一个穷小子，是因为她认为那个男孩子的人格可以给她足够的安全感。其实，在选择配偶时，任何一方最应该关注的就是对方的品质，其次才是其他条件。如果一个人的品质不够好，很可能使将来的家庭陷入困境，给自己的婚姻生活带来不必要的麻烦。所以，无论男女都应该认真地选择自己的另一半，不要让外在因素影响了判断。

多一点幽默的能力

俄国文学家契诃夫说过，不懂得开玩笑的人，是没有希望的人。可见，生活中的每个人都应当学会幽默。在人生道路上，挫折和失败是常有的事，如果忍受挫折的心理能力得不到提高，焦虑和紧张会常常困扰身心。而幽默，则可以缓解这些。假如拥有幽默的能力，也就具有了随环境变化调节自我心理的有力武器，既可以利用幽默减轻痛苦，又能增加体会幸福的能力。

林肯是美国历任总统中最具幽默感的一位。早在读书时，有一次考试，老师问他："你愿意答一道难题，还是两道容易的题？"林肯很有把握地回答："答一道难题吧。""那你回答，鸡蛋是怎么来的？""鸡生的。"老师又问："那鸡又是从哪里来的呢？""老师，这已经是第二道题了。"林肯微笑着说。

一次，林肯步行到城里去，一辆汽车从他身后开来时，他扬手让车停下来，对司机说："能不能替我把这件大衣捎到城里去？""当然可以，"司机说，"可我怎样将大衣交还给你呢？"林肯回答说："哦，这很简单，我打算裹在大衣里头。"司机被他的幽默所折服，笑着让他上了车。

林肯当了总统后，有一天，一个妇人来找林肯，她理直气壮地说："总统先生，你一定要给我儿子一个上校职位。我们应该有这样的权利，因为我的祖父曾参加过雷新顿战役，我的叔父在布拉敦斯堡是唯一没有逃跑的人，而我的父亲又参加过纳奥林斯之战，我丈夫是在曼特莱战死的，所以……"林肯回答说："夫人，你们一家三代为国服务，对国家的贡献实在够多了，我深表敬意，现在你能不能给别人一个为国效命的机会？"那妇人无话可说，只好悄悄走了。

正是因为幽默，林肯才能在庞杂的国家事务中找到属于自己的位置，并且取得巨大的成就。幽默是聪明人寻找幸福的一种积极方式，美国的一位心理学教授认为，幽默是文学与心理学相结合的与人友善相处的一种科学方法。在人际关系紧张而复杂化的情况下，幽默能缓和冲突，化解矛盾，使困难的工作得以顺利进行，与此同时，他还列举了幽默的四大好处：

第一，幽默可以消除尴尬。处在尴尬的场合时，幽默的语言只要轻轻扫过，便会使气氛活跃起来，一扫彼此之间的难堪。

第二，幽默有利于活跃家庭生活。幽默走进家庭，能使家人之间更加愉快、融洽。例如，容易发生口角的夫妇，当妻子在盛怒之际，丈夫并不正面与她对抗，而是时不时地给她来点幽默，这种争执也许会顷刻间化为乌有，妻子也会破涕为笑。

第三，幽默能打破与异性的隔阂。以轻松而活泼的幽默语言与异性接触容易有话题，并使两者很快建立起友善的关系。

第四，幽默能协助解决问题。以幽默的态度来解决问题，常会得到意想不到的效果，能使对方的不愉快和愤怒情绪一扫而光，甚至能使对方原谅你的小小不足之处。

那么，怎样培养幽默感呢？那就需要领会幽默的内在含义，能够机智而又敏捷地指出别人的缺点或优点，在微笑中加以肯定或否定。另外，还需要扩大知识面，幽默是以知识和智慧为基础的，它必须建立在丰富知识的基础上。还有就是要有审时度势的能力，广博的知识，才能做到谈资丰富，妙言成趣。因此，要培养幽默感必须广泛涉猎知识，充实自我，不断从浩如烟海的书籍中收集幽默的浪花，从名人趣事的精华中撷取幽默的宝石，乐观对待现实，体谅他人，使自己变得达观大度，生活中也就少了许多忧愁和烦恼，就会幸福许多。

当然，培养深刻的洞察力和提高观察事物的能力，使自己变得机智、敏捷也是幽默的一个重要条件。但在幽默的同时，还应注意，重大的原则总是不能马虎的，不同问题要不同对待，处理问题时要积极灵活，做到幽默而不俗套。

分享快乐，分担痛苦

不知是谁说过，有人分享快乐加倍，有人分担痛苦减半。快乐时许多人习惯与人分享，但痛苦时大多数人却不愿与人分担。我们总是害怕自己的不幸在他人那里传播，但是，当你无法承受生命之重时，找一个可以信赖的人分担一下又有何妨？况且，把自己的痛苦倾诉出来，也许可以找到一个很好的解决方法，至少可以换来一些安慰，这样就可以使痛苦减少，何乐而不为？

一位佛学大师身边有一个喜欢抱怨的弟子。有一天，他派这个弟子去买盐。回来后，大师吩咐这个不快活的年轻人抓一把盐放在水中，然后喝了它。大师问："味道如何？"弟子龇牙咧嘴地吐了口唾沫："苦！"大师又吩咐年轻人把剩下的盐都放进附近的湖里，说："再尝尝湖水。"年轻人捧了一口湖水尝了尝。大师问道："什么味道？"弟子答道："很新鲜。"大师问："你尝到涩味了吗？"年轻人答道："没有。"这时大师说道："生命中的痛苦就像是盐，不多，也不少。我们在生活中遇到的痛苦就这么多。但是，我们体验到的痛苦却取决于将它盛放在多大的容器中。所以当你处于痛苦时，只要学会找一个更大的容器分担就可以了。"

是的，生活中的痛苦就是那点盐，把它放在更大的容器里，感觉就会好很多。我们应该学会与人分担痛苦，而不是所有的痛苦都一个人扛。相反，如果是快乐那就要学会与人分享。

我们还是来看佛家的一个例子，一日，佛祖闲来无事，从地狱的入口处往下望去，看见无数生前作恶多端的人正为前世的邪恶饱受地狱之苦的煎熬，脸上显示出无比痛苦的表情。

此时，一个强盗偶然抬头看到了慈悲的佛祖，马上祈求佛祖救他。佛祖知道这个人生前是个无恶不作的强盗，他抢劫财物，残杀生灵，唯一可喜的是，有一次，他走路的时候，正要踩到一只小蜘蛛时，突然心生善念，移开了脚步，放过了那只小蜘蛛。佛祖念他还有一丝善心，于是决定用那只小蜘蛛的力量救他脱离苦海。

于是，佛祖垂下去一根蜘蛛丝，大盗像发现了救命稻草一样拼命抓住了那根蜘蛛丝，然后用尽全力向上爬。可是其他受煎熬的人看到这样的机会都蜂拥着抓住那根蜘蛛丝，慢慢地蜘蛛丝上的人越来越多了，大盗担心蜘蛛丝太细，不能承受这么多人的重量，于是便用刀将自己身下的蜘蛛丝砍断了。结果，蜘蛛丝就在那被砍断的一瞬间突然消失了，所有的人又重新跌入万劫不复的地狱。实际上，假如他能够有一丝怜悯之心，能够与他人分享生存的机会，佛祖就会救他脱离苦海。但是他没有做到。所以，他失去了很好的机会。

有时候，许多东西不是你与别人分享了，就会失去它，而是，在与别人分享的过程中，获得更好的结果。生活中，那些懂得与人分享的人是最幸福的人，他们在与人分享的时候能够感觉到情绪的释放或者是快乐的蔓延。痛苦的感觉会随风而散，幸福的感觉却会在瞬间在每一个人的心中盛开。

感受真实的幸福

有个美国记者到墨西哥的一个部落采访。那天，正好赶上是一个集市日，当地的土著人都拿着自己的物品到集市上交易。这位美国记者看见一个老太太在卖柠檬，5美分一个。

老太太的生意显然不太好，一上午也没卖出去几个。记者动了恻隐之心，打算把老太太的柠檬全部买下来，以使她能"高高兴兴地早些回家"。

当他把自己的想法告诉老太太的时候，老太太的回答使他大吃一惊："都卖给你？那我下午卖什么？"

生活的日历总是在平凡的点滴中写就。不要寄希望于某一天可以拥有突如其来的财富、世界顶级的名车、独一无二的豪宅。生活的现实与真实同样存在。踏实一点，感受点滴存在着的快乐，这是这位老太太的心声，也是我们每一个人得到幸福的唯一途径。

有一位为了金钱忙得焦头烂额而且并不幸福的爸爸问女儿："你幸福吗？"女儿回答说："幸福。"迷惑不解的爸爸说："那什么是你的幸福呢？"女儿天真地说："比如现在，我们都吃完了晚饭，你陪我在楼顶看星星，我感觉很幸福。妈妈给我铺好床被，在我的被窝里放上我喜欢的布娃娃，我就感觉很幸福。只要是我能感觉到你和妈妈的关怀，我就很幸福。"迷惑的爸爸一下子就很清楚自己不幸福的原因了。

其实，这些都是生活中的小事，谁也无心在意，可是能够以一颗真心去感受生活的人总能发现更多的幸福，那些藏在细节中的感动，总会在某一个角落期许我们的发现，我们不能感受到它们是因为我们想要得到的太多，忽略了去感受。

生活是由一件件小事串联而成的，在每一个点滴的记忆中都融汇着幸福的音符。我们只需用心弹奏，让它流出美妙的乐声。品味生活应该多回忆一些让自己感到幸福的事，生活毕竟不是每天都会阳光明媚。那些阴雨连绵的日子也会常来打搅我们。如果总是把眼睛盯在生活的阴暗面，哪还有什么幸福可言。

一滴水可以照见太阳的光辉。品味生活的幸福感应该从小事着眼。不要因为别人只给了你一句关怀就很快忘记，不要因为别人只送你一束鲜花，就忘了他对你的祝福。再小的关怀都是他人内心的牵挂，再少的祝福都是他人对你真诚的想念。我们要做一个懂得记住幸福的人，在受到别人爱的示意时，不妨也把你的爱给予别人。

刘梅是一个性格内向的人，很少与别人交流，因此他周围的朋友总是很少。后来上了大学，新的环境更加增添了她内心的孤独感，但她仍然喜欢把自己关在自己的小世界里。

　　一次，她生病了，而且病得非常严重。当时宿舍里的同学都去上课了，只有她一个人孤零零地躺在黑暗中。当时，她感到特别委屈，因为生病了也没有人在身边照顾。正在这时，她听到有人在低声喊自己的名字。睁开眼，原来是舍长，一个脾气很温和的女孩子。原来舍长发现她当晚不太对头，放心不下便回来探望。她见刘梅病得不轻，便立刻叫来了其他同学，把她送到了医院。

　　刘梅住院后，她一有时间便过来探望，让刘梅心里感到特别温暖。出院后，她们成了很好的朋友。在舍长的带动下，刘梅也渐渐变得开朗起来，学会了帮助周围其他的同学。同学们对她的态度也越来越热情，而刘梅的生活也快乐起来。她才明白只要调整好心情，生活也会明亮起来。

　　生活中的幸福是一点一滴存在的，善于感受的人永远都不会错过让自己心灵接受洗礼的机会。渴望生活中有太多幸福的人不一定能够等到幸福。心中时刻充满感恩的人，才会体会到生活中的快乐。所以，还是让我们调整好自己，这样，便会在每一个瞬间发现属于自己的幸福。

第七章 给幸福保鲜

不要受情绪支配

生活的路很长，我们往往会因为长时间地重复和复制某件事而没有了当初的新鲜感，心情当然也就低落了。卡瑞尔博士说："在现代紧张的都市生活中，能够保持内心平静的人，才能免于精神崩溃。"因此，学会控制自己的情绪是必要的。

人很容易以自己的"感觉"来判断事物，只不过有些人因为经历丰富了，会慢慢学会控制自己的情绪，从而避免掉入情绪的陷阱。当然要做到这一点并非易事，除了要有很大的"定力"之外，还要有"转化"的能力。例如，今天你被女朋友训了一顿，千万别把这种不愉快带进工作中，更不要传播到同事那里。当你心情沮丧时，最好先独处一段时间，或者找个地方发泄一下。等平静之后再面对他人。这样，无论是对自己还是对周围的人都是有益的。

人是感情的动物，没有情绪变化根本不可能。但人也是理性的动物，只要能够在感性和理性的相互转换中取得平衡，许多事就会处理的相对完美了。而且，根据美国科学家研究发现，生气对健康也有很大的损害：

（1）长色斑。生气时，血液大量涌向头部，因此血液中的氧气会减少，毒素增多。而毒素会刺激毛囊，引起毛囊周围程度不等的炎症，从而出现色斑问题。

（2）脑细胞衰老加速。大量血液涌向大脑，会使脑血管的压力增加。这时血液中含有的毒素最多，氧气最少，对脑细胞的损害不亚于一剂"毒药"。

（3）胃溃疡。生气会引起交感神经兴奋，并直接作用于心脏和血管，使胃肠中的血流量减少，蠕动减慢，食欲变差，严重时还会引起胃溃疡。

（4）心肌缺氧。大量的血液冲向大脑和面部，会使供应心脏的血液减少而靠造成心肌缺氧。心脏为了满足身体需要，只好加倍工作，于是心跳更加不规律，对身体的危害也就更大了。

（5）伤肝。生气时，人体会分泌一种叫"儿茶酚胺"的物质，作用于中枢神经系统，使血糖升高，脂肪酸分解加强，血液和肝细胞内的毒素相应增加。

（6）引发甲亢。生气令内分泌系统紊乱，使甲状腺分泌的激素增加，久而久之会引起甲亢。

（7）伤肺。情绪冲动时，呼吸就会急促，甚至出现过度换气的现象。肺泡不停扩张，没时间收缩，也就得不到应有的放松和休息，从而危害肺的健康。

（8）损伤免疫系统。生气时，大脑会命令身体制造一种由胆固醇转化而来的皮质固醇。这种物质如果在体内积累过多，就会阻碍免疫细胞的活动，使身体的抵抗力下降。

站在养生学的角度来说，应尽量减少大起大落的情绪反应，不管遇到什么样的事情，以平常心待之，才不至于有过激的行为和举动，才会在冷静的状态下解决所有的问题，并且得到最好的结果。

倘若你总是因为一些事大发雷霆，周围的人很可能不能忍受你的坏脾气，渐渐地远离你，那还有什么幸福可言。只有学会适时地调整自己，控制情绪，才能在生活中感受到快乐。

适度的距离

有一个关于刺猬取暖的故事，冬天的寒风里，有两只小刺猬冷得瑟瑟发抖，它们决定依偎在一起相互取暖，但是每次当他们拥抱的时候，自己身上的刺总是会把对方扎得很痛。不得已，它们只好再次分开。但是寒冷此时又会袭来。无奈，它们只好再次靠在一起。就这样，分开，聚拢。只到它们找到一个合适的距离，既可以取暖，又不会把对方刺痛。

人与人之间相处也是这样的。无论两个人的关系多么亲密，都应该保持距离，否则很容易伤害到彼此。任何人都希望有一个属于自己的空间，一旦这个空间遭到别人的入侵，就会感到很不舒服，矛盾自然也就产生了。

所以，无论什么时候都不要将自己和他人的关系拉得太近，保持一点空间给对方才能有获得幸福的可能。朋友之间如此，夫妻之间更是如此。有这样的一个故事：一个即将出嫁的女孩，向她的母亲问自己该如何把握婚后的生活。母亲听了女孩的话之后，温情地笑了笑，然后慢慢地蹲下，从地上捧起一捧沙子，送到女儿面前。女孩发现那沙子在母亲的手里圆圆满满的，没有一点散失，接着母亲用力将双手握紧，却看见沙子立刻从母亲的指缝间泻落下来。等母亲再张开手时，原来的沙子已所剩无几了。女孩望着母亲手里的沙子，若有所思地点了点头，她知道母亲是想告诉她，爱情就如同手里的那捧沙，越是紧握，反而越容易失去。其实，对待自己的子女何尝不是如此，紧抓在手里的孩子，未必会成为一个听话的孩子，放他们在自己的空间里，给他们自由，任他们发挥自己的能力，才会得到更好的结果。

从小到大，在每一段关系里，我们都在寻找着一方面与人联结、一方面与自己联结的双行线。亲子关系如此、家人关系如此、朋友关系亦是如此，爱情自然也不例外。因此，当爱还在的时候，懂得适当放手，给爱一个空间，是维持它存在的一个基础。如果我们在爱着对方时因为害怕失去就将每一寸空间占据，那么，这样的爱就失去了美好的意义。

纪伯伦在《先知》中告诉我们："在你们的密切结合之中保留些空间吧，好让天堂的风在你们之间舞蹈。彼此相爱，却不要使爱成为枷锁，让它就像在你们俩灵魂之间自由流动的海水。"

人与人之间彼此保留一段距离，就是一条射线；如果将对方的空间完成占领了，就成了一条线段，这样的关系也就面临着许多危机了。工人在修路的时候往往会在路的中间留一道缝隙，原因是防止热胀冷缩时路面被破坏；木匠做活时也会留一点空隙给两块挨得很近的木板，以防止木板的拱起破坏整体的美感。与人相处也是同样的道理。

生活中我们也会遇到许多听起来似乎很荒诞的故事，原因就是因为我们不懂得如何与人相处。比如，某女士刚结婚就离婚，原因不是因为别的，只是因为丈夫受不了这位女士的关怀与体贴。这位女士喜欢照顾别人，家里所有的活都是她一个人干，别人一点插不上手。丈夫到家之后，她总是像一个保姆一样，所有的事都问得一清二楚，甚至细致到确切的时间。丈夫没有办法，一开始只是有意地躲着她，但是架不住她一再追问，最后，忍无可忍，只好提出离婚。

因为爱而有了关心。但是，不能说因为爱就没有了距离。对于一个理智和生活能力正常的人而言，有自己的独立空间是生理和心理的一种需要，如果你剥夺了他的这一需要，那么，你的生活也会受到威胁。所以，与人相处时保持相应的、合适的距离，是保证生活幸福的基础。

以简单的方式生活

　　当前的社会，无论是人际关系、社会结构还是家庭生活，都有着复杂化的趋势，使得我们疲于应付。为此，我们就应该用一种简单的公式来处理这些关系，好摆脱繁杂的事务，感知到幸福。

　　《堂·吉诃德》一书里有这样一个小故事：在一次酒席上，桑丘问他的表弟，世界上第一个翻跟头的是谁？表弟皱着眉头想了半天，最终没有回答上来。他便对他的桑丘表哥说，等他回书房考证一番在给他答案吧。于是兄弟二人又开始痛饮起来。过了一会儿，桑丘对表弟说，刚刚的那个问题，现在已经有答案了：世界上第一个会翻跟斗的是魔鬼，因为他从天上摔下来，就一直翻着跟斗，掉进了地狱。

　　读完这个故事，你或许为桑丘的答案忍俊不禁，就是这样的一个答案，里面却包含着极其朴素的智慧。

　　生活、工作中的很多事情都很简单，大可不必费九牛二虎之力去伤透脑筋，人生、爱情、理想也是如此。生存在这个竞争激烈的时代，信仰匮乏袭击着一些苍白心灵的人，危机和压力削弱了许多懦夫的意志。其实，世界上没有十全十美的事物，如果你认为这个世界对你不公平，请不要抱怨。苦难可以毁灭一个人，也可以锻造一个人。世界上根本没有复杂的事物，只有复杂的心灵。这就像一棵树，细看起来是许多的枝，再看是无数的叶，其实，它只是一棵树而已。

简单是一种积极、乐观、向上的生活态度，简单就是要学会舍弃，简单是一种速度。抛开所有的一切束缚，三下五除二地去做吧！生活其实就是这么简单。

简单生活，才能享受生活，也才能从每一天点点滴滴的小事中感知到幸福。在人的潜意识里都有着展示自己的欲望，可是生命的底蕴和玄机，不但他人无法彻底了解，就是自己也未必真正熟悉和把握，倘使内心世界多一些上善若水的源泉和动力，更多的赏心悦目就会进入我们的视野，愉悦我们灰色的天空和暗淡的心灵。花开时，敞开双臂感受春的温暖，不要拒绝蜂蝶的吸吮和顽童的采摘；花落时，别在意风采的流逝和路人无情的眼神。即使只能做一片绿叶，也要舒心地成长，默默地进行光合作用，悄悄地把氧气释放给人间，在润养自己的同时，供应万物以营养。因为你为他人付出的越多，你的内心就越富足，生活也就越坦荡而充实。

能否在生活中感知到幸福，在很大程度上取决于一个人的心态。有两个人，同时朝窗外望去，他们看到的东西截然不同，前者看到的是满地泥泞、残花败柳的一片萧条景象！后者看到的是天空白云朵朵，树上快乐的鸟儿飞来飞去。在生活的道路上，前者一遇到挫折总是自卑、悲观和消极，结果一无所成！后者则采取积极乐观的心态迎接一切，最后走向成功！

生活，每一天都会有惊喜，每个日子都是独一无二的。虽然我们拥有的不多，没有凭栏长啸的狂妄自大，没有风云江湖的沾沾自喜，但是我们拥有一种积极向上的情绪，我们保持一份平和达观的心态，我们像欣赏一幅风景画一样聆听姹紫嫣红浓淡迥异的人生乐章，我们用心体会每一个细节每一个瞬间流溢的快乐年华，这就足够了。

累了的时候就休息一下

随着现代都市生活节奏的加快，我们每天像个陀螺一样不停地旋转，自己支配的时间越来越少，常感身心疲乏。生活是需要调节的，我们要学会放松自己。会休息的人，工作起来更有效率。在工作之余，抽时间在喜欢的事情上下一点功夫，不仅有利于身心健康还有利于提高工作的激情。

现代都市生活的负担很重，吃穿住行、各种费用逼迫人们不得不拼命工作。这样无形中也给工作带来一定的压力和挑战。每天早出晚归，有时还免不了要加班，没有充足的睡眠。长期下来，就会身心俱疲，轻则导致情绪不稳定，重则患上所谓的忧郁症。"亚健康"一词的产生恰如其分地说明了现代上班族的工作和生活状态。如果让这样的疲劳状态持续下去，生活和工作就只能成为折磨你的毒药。

"亚健康"渐渐地影响到我们的生活，但是很多人都不知道自己身上发生的变化，这种变化是一个长期的过程，不留意就忽略了。前不久公布的一项在北京、上海、深圳等地对一千三百二十八位中年人健康状况的调查结果显示，百分之七十一的人有失眠、多梦、不易入睡或白天瞌睡的现象，经常腰酸背痛者为百分之六十三。

"亚健康"虽说并非疾病，但危害却不可小窥。一般来说，人一旦处于"亚健康"状态，身体不会有明显的不适感，大多数时候只是会觉得疲惫。随着压力的增加，现在处于"亚健康"状态的人越来越多。

如何才能减压呢？首先得找到压力的主要来源。是否适应自己的工作？如果不适应，是因为知识欠缺还是因为公司的人际关系不能把握？只有找到问题的根源才能对症下药，适时地给大脑充电，多和别人沟通，才能把压力变成动力。

事实上，很多上班族都有工作压力症，每天早上上班和晚上下班的状态大不一样。早上朝气蓬勃的背着公文包，脚步也比较矫健。可下班时就垂头丧气，呵欠连天。的确，工作累了一天，当然会很疲惫。日复一日，这种疲惫就长期潜伏在我们身体当中，造成人体免疫力低下，经常感冒、头疼。这时，就应该依照下面这些小提示减压了。

1.培养好睡眠

很多人因为平时上班起得早，睡眠严重不足，就会利用周末时间在家睡懒觉。其实这种不均衡的睡眠并不是一种健康的睡眠。很多专家提示，因为周末期间娱乐项目增多，晚上很晚才就寝，第二天到中午才起，严重破坏了人体生物钟，所以会导致大多数人周一上班无法适应。

我们补充睡眠的方式是晚上尽量早点睡，最好十一点以前就入睡，人体的睡眠分为几个阶段，十一点到凌晨两点这段时间是熟睡阶段，睡眠质量较高。睡前洗个热水澡，有助于缓解疲劳，甚至还可以听一些比较柔和的音乐，避免心情过度亢奋所导致夜梦过多。到了周末，我们可以更早些入睡，第二天早上适当地晚起一小会儿，把娱乐项目安排到白天进行。这样，睡眠能得到保障，还可以做一些自己喜欢的事情，岂不是两全其美。

2.让自己动起来

运动能让人美丽，忘却很多烦恼，还能缓解压力，保持平和的心态。这与腓肽效应有关。腓肽是一种激素，被称为"快乐因子"。当运动达到一定量时，身体产生的腓肽效应能愉悦神经，甚至可以把压力和不愉快带走。

此外，适当的锻炼，有利于消除疲劳。上班族们朝九晚五，生活单调而枯燥，易引起生理、心理上的疲劳，运动能使刺激强度变换，起到改善、调节脑功能的作用。要充分发挥大脑潜能，就必须合理地安排活动，动静协调、张弛有度。再者，有氧运动能使人得到放松。想通过运动缓解压力，可以参加一些缓和的、运动量小的运动。现在还有很多人选择去体育馆进行锻炼，体操、瑜伽、柔道等都是很受欢迎的项目。如果风和日丽，可以选择登山、郊游。运动时间可以根据身体状况来调节，一般不少于半小时，也不能时间过久，以免造成超负荷运动。不少人有这样的感觉，越困越懒、越懒越困。怎样走出这一怪圈？就得赶快行动，行动是化解焦虑的良药。

3.健康饮食

随着社会科学技术的不断进步，很多东西都是工业化生产，这给我们的生存环境带来了极大的污染，同时也引发了很多慢性疾病。所以必须注意饮食，以保证身体的健康。

有的人需要应酬交际，一日三餐都徘徊在餐桌上，烟酒不忌、大鱼大肉。看着吃得好，但未必健康。时间一长，诸如肥胖病、高血压就会随之而来。针对这种情况，平时不应酬的时候就要注意调节饮食，少吃高热量、高脂肪的食物，多补充一些瓜果蔬菜和粗粮等绿色食物，给肠胃减轻负担。这样不仅可以让身材保持美观，还有利于健康。

上班族因为工作紧张，没有时间好好吃饭，更没有机会关注食物的营养，吃东西经常是囫囵吞枣，甚至为了方便经常以方便食品来解决问题。长期超负荷的工作使得大多数人营养欠缺，身体疲劳不堪。所以，这些人最应该趁着周末给自己制定一项饮食计划，适当地补充一些蛋白质含量高、维生素相对充足的食品。

4.让自己快乐起来

积极快乐的心态有助于调节生活和工作状态，要想保持积极快乐的心态，就得清楚自己需要什么、追求什么，搞清楚工作的目标与要求。把该做的做好，之后再将业余时间好好安排一下，这样就可以避免工作出问题，增加信心，更有利于快乐地生活。

生活和工作中，大多数的疲劳并不是因为身体疲惫，而是心理的疲劳。心理上的压力会反映到身体上，时刻提醒自己保持一个快乐的心情能很大程度减轻身心压力。

5.学会倾诉

内向的人一旦遇到不高兴的事不愿意找人倾诉，这样做的结果并不好。要学会倾诉，为心灵减压。如果有沉重的心理压力，不要一个人承担，选择一位令你感到安全的朋友，向他倾诉心中的不快，压力得到释放，心情自然轻松。

6.回归自然

工作久了，如果有机会不妨给自己放个假，和大自然亲密接触一下。心理学的实践证明，当人们将全部身心融入自然时，会忘却烦恼，从而消减压力，恢复心理的健康。

我们应该经常亲近自然，以寻求到生命中的自我。比如，到草地上躺躺，到大树下睡一觉，将脚放到流淌的清泉里，还可以钓鱼、赏花，或者是呼吸大自然的气息……出去时最好带上自己信任的人，如家人和好朋友。一边在美丽的风光中游览，一边和身边的人聊聊心事。这样会收到意想不到的减压效果。

有条件的话，可以到郊区，甚至可以去徒步旅游、爬山，既可以欣赏优美的风光，又可以锻炼身体。如果不具备条件，可以考虑到城市公园等地方。

生活需要调节，劳逸结合才是最佳选择。累了的时候，给自己找一块休憩的地方，静静享受生活和工作间隙的点滴快乐，生活的色彩也会明亮起来。

为生活加一点音乐的色彩

对于一个生活在都市中的人，音乐是最理想的心灵抚慰剂。不管在什么时候，一定要多听一点音乐。因为，这种无形的心灵抚慰剂会为生活增加一点色彩，缓解一下紧张的神经。

研究结果显示，某些节奏舒缓的音乐可以促进人的基础代谢并减慢呼吸速度，从而起到减压的作用。在许多国家，音乐被广泛运用到医疗领域。19世纪初期，音乐被用来促进病人睡眠。医师指出，失眠患者聆听适合的音乐，确实可起到安眠及镇定的作用。而且，音乐促进睡眠已在德国、美国等国家陆续被证实，美国医学审查委员会公布大多数安眠药在病人使用两周后便失去疗效，并且对身体也会造成损害。而音乐不仅可以促进睡眠，对人体也不会有任何副作用，还可以使身心得到放松。基于上述原因，音乐治疗渐受重视。

音乐可以直接对人体的体内器官产生共振作用。声音是由振动发出的，人体本身也是由许多振动系统构成的，如心脏跳动、胃肠蠕动、脑波波动等。当人听到音乐的振动与体内器官产生共振时，体内就会分泌一种生理活性物质，来调节血液流动和神经活动，使人朝气蓬勃。此外，音乐具有主动的、积极的功能。它可以提升人的创造能力、使右脑更加灵活，并且能引导出重要的 α 脑波，这些都有利于生活和工作。特有的音乐节奏与旋律，还可以使我们较常用的主管语言、分析、推理的左脑得到休息，对掌管情绪和主导创造力、想像力的右脑则有刺激作用。对创造力、资讯吸收力等潜在能力的提升也有很强的效果。在生活中，当你的心情无法平静时，不妨将自己喜欢的音乐播放出来。

下面推荐两首乐曲：古琴曲《梅花三弄》和琵琶曲《十面埋伏》，供大家在朝霞微露的清晨，或灯火阑珊的夜晚细细品味：

虽然文明的演进，在很多方面改变了人们的生活形态，但并没有改变人们生活中的一些重要因素，比如音乐。现代人生活和生存的压力都很大，因此就需要享有更多、更充实的音乐生活。人们在聆听优美的音乐的过程中，总是会让那清新纯美、富含灵魂的音符，洗涤满是尘埃的心头，不知不觉中使自己进入一个浑然忘我的自然境界。

在生活中加添一点音乐的情调，就犹如在灰蒙蒙的天空中添加了一笔亮丽的色彩，阳光马上就蓬勃而出。

在艺术生活中寻找乐趣

生活难免有坎坷、烦恼相伴，这些情绪的出现阻碍了我们对幸福的感受。会调节生活的人总会将自己的生活安排得有声有色，超脱在烦恼之外，还可以让生活增加一点情趣，有利于幸福的保鲜。对于上班族而言，为生活增加一点色彩尤其重要。那些懂得艺术的人就深谙此道。他们会将艺术元素加入到生活当中，在工作之余，在艺术氛围里感受生活的乐趣，既陶冶了情趣，又增加了修养，同时还放松了心情，感受艺术给予生活的另一种美。

"琴书诗画，达士以之养性灵"，寄情于水墨山水之中，沉浸于洒满墨香的氛围之中，笔走龙蛇，气韵贯通，自然有一种心胸舒畅，神定气闲的快感。这样的感受在工作中永远都无法感受到。

世界织布业巨头之一的维尔福莱特·康尽管事业繁忙，但还是觉得生活有些欠缺。于是在一个偶然的机会，他决定学习绘画。他每天抽出一个小时安心画画，结果他的画在多次画展中取得了很好的成绩。

为了这一个小时不受干扰，他每天五点就起床画画，一直到吃早饭时为止。他后来回忆说："其实那不算苦，一旦我决定每天在这一小时里学画画，我也不想再睡了。"他把楼顶改为画室，几年来从未放过这一个小时，而时间也给了他很大的回报，他的油画在画展上多次出现，有许多画甚至被高价买走。他把这些收入都作为奖学金提供给那些搞艺术的学生。当有人问他的体会时，他说："捐这些钱根本算不了什么，只是我的一半收入，更大的收获是艺术给予我的启迪和愉悦，这才是意义之所在。"

艺术不仅有利于愉悦身心，陶冶性情，还可以治病疗伤。美国的一位画家做过这样一个实验，他为一位癌症患者画了一幅名为《天上飞来的希望》的画。每当患者凝视这幅画时，那只在海上高飞的海鸥就会给他带来无限的希望和遐想，并在不知不觉间给他自信。医生曾断言这个病人不会活过两年，但是，自从他每天都去欣赏这幅画，病情竟奇迹般地有了转机，这是连医生都没有料到的。

由此可见艺术的魅力。它给我们的不仅是一种美的享受，还有心灵上的愉悦，从而使身心更加健康。生活也会因此变得多姿多彩。

作画可以让人沉浸在幸福的感觉之中，还能够为生活加入一些调味剂。观画则可以让人宠辱皆忘，身心愉悦，获得其他活动难以给予的快乐。在现代社会快节奏的生活中，我们不妨让自己多一点对于艺术的关注，这样，就会从另一个途径得到满足，获得更长久的幸福体验。

第八章 财富与幸福的关系

鱼与熊掌皆所欲

　　孟子在他的文章里说："鱼，我所欲也，熊掌，亦我所欲也；二者不可兼得，舍鱼而取熊掌者也。"财富和幸福，就如同鱼与熊掌，只是对于我们的生活来说，却并不是舍二取一这么简单。财富，我们生活的物质保障；幸福，我们心理上的一种满足感，这二者我们该如何对待呢？既然都是"我所欲"，能不能兼而有之呢？

　　这真是一个历久常新的话题，许多人为了把二者都兼而有之，拼搏过、努力过、争取过，可最终的结果却并不尽如人意，财富和幸福好像就像天平的两端，此端重了，彼端肯定就会轻。为什么会这样呢？我们先来看一个小故事。

　　有个农夫，每天早出晚归地耕种一小片贫瘠的土地，但收成很少。一位天使可怜农夫的境遇，就对农夫说，只要他能不断往前跑，他跑过的所有地方，不管多大，那些土地就全部归他。

　　于是，农夫兴奋地向前跑，一直跑，不停地跑。跑累了，想停下来休息，然而，一想到家里的妻子和儿女，都需要更多的土地来耕作、来赚钱。所以，又拼命地再往前跑。

农夫上气不接下气，实在跑不动了。可是，农夫又想到将来年纪大了，可能要人照顾、需要钱，就再打起精神，不顾气喘不已的身子，再奋力向前跑。

最后，他体力不支，"咚"地倒在地上，死了！

假如农夫在第一次跑累了想停下来休息的时候，就停下来不再继续跑的话，不被头脑里那么多的想法左右，或许不会因此过上大富大贵的生活，"日出而作，日落而息"的小康生活不也其乐融融吗？何至于送了性命。由此可见，并不是鱼与熊掌不可兼得，而是人的欲望太强烈了，总是不满足即得的利益。人被越来越多的贪欲围困着、包裹着，幸福又怎么会有存在的空隙呢？左手财富，右手幸福，就如同天平的两端，既然一端的重量已经不能再增加，舍弃另一端的东西，以求让整个天平平衡，这又何尝不可行呢？

有一位非常有成就的企业家曾经画了一幅自画像，来表明自己在财富和幸福之间徘徊的状态：蹲着马步，穿着一条破裤子，长着三头六臂，每个头上都顶着一摞盘子，几只手上分别拿着酒杯、令旗、匕首、盾牌等物品。在这样的画里你根本看不出幸福的影子。这里代表的是压力、愁苦、无奈、勉为其难和不堪重负。对这幅漫画的解释是：头上顶着的盘子分别代表现金、市场和人际关系。稍有不慎，盘子就会落地摔碎。这些环节就可能会出问题，而酒杯是永远挡不掉的酒席应酬，令旗则表示自己的命令必须像军令一样有效。蹲马步象征长期背负着各方面的压力，所以裤子都蹲破了。这一幅看似有些夸张的漫画，令见者啼笑皆非，却真实地反映了某些企业家的生存现状。虽然拥有名车豪宅却也有说不尽的苦恼、道不完的心烦。

一只倒霉的狐狸跑到了猎人设置的陷阱里面，被夹子套住了一只爪子。开始它想把爪子完好地弄出来，可总是不能如愿。时间一分一秒地过去，猎人随时都可以到来，结束它的生命。它慢慢安静了下来，接着一口咬断了那只爪子，踉踉跄跄地逃命去了。

一只爪子对于狐狸来说并不是不重要，可是当生命都失去之后，爪子又有什么用呢？舍弃一只爪子来保全性命，这就是狐狸的哲学。财富作为人们生活的物质保障，当然是不可或缺的，可是当财富的积累已经严重倾斜了我们生活的天平，又何尝不应该舍弃一些。

幸福到哪里去了

穷人总觉得富人的生活是幸福的，穿着时髦的服装，出门就有汽车代步，进出的都是一些高档场所，饭桌上顿顿少不了美酒佳肴，走到哪里都备受关注。可富人却并不觉得这是幸福，时髦的装束并不能带来可以开怀畅谈的朋友，急速行驶的汽车里闻不到泥土的味道，高档场所里的人虽然面上都堆着笑，可每个人都有各自的目的，一看到美酒佳肴都有些反胃，而且胆固醇和血压也不断升高，有时连个独自安静一下的场所都找不到。

富人觉得穷人的生活才幸福呢，没有那么多急着要处理的事物，也无须时刻提防别人两面三刀、暗地里使绊子，平时邀两三个朋友一醉方休，酒桌上可以畅所欲言，无话不谈，大夏天可以穿着拖鞋、短裤走来走去，不必在意别人的眼光。穷人却并不认为这样的生活是幸福的，每天都要盯着收支簿花钱，平常有个头疼脑热的都不敢去医院，买上一件新衣服就算是过年了。

如此看来，无论穷人还是富人，他们都感觉自己不是幸福的，那么，幸福到哪里去了呢？人类对幸福的追求是不懈的，而对幸福的感触也并不是虚无缥缈、难以把握的，我们每一个人都认可富足、快乐、安康、美好等和幸福是紧密连在一起的。心理学家们对此的测量也表明，我们看得见的一些行为与我们的幸福状况有很强的相关性。如果你是快乐的，你就愿意参与朋友们的社交活动，你就更愿意积极回应别人的求助，你就会更少地遭受与心理精神有关的消化系统紊乱的疾病和其他压力影响下的疾病，如头痛、高血压等，你也会更少地在工作中缺席或使自己陷于人际上的纷争。

首先我们来看看财富在幸福体验和感受中扮演的是一个什么样的角色。在一个给定时间、给定国家中的某一人群中设定平均幸福值时，我们一定会看到，富有者比贫困者要幸福得多，这也就是为什么有些人会错误地认为财富就是幸福的原因。事实并非完全如此，可能财富的多少的确与幸福感有着一定的必然联系，研究者们也注意到，尽管在任何国家、任何时代，人们总是愿意将财富与幸福感联系在一起，但随着人们财富的积累，其平均幸福感却没有相应的增长。有人对日本人做了一个测试，该测试反映出了这样一个事实：1960的日本是一个穷国，经过20多年的长足发展，经济取得了很大的成绩，个人的平均所得也上升了许多倍，然而，1987年的日本人平均幸福水平却并未因此比1960年更高，尽管他们拥有了比以前更多的洗衣机、汽车、照相机和其他物质，但他们的幸福感等级并没有取得意义重大的提高。在其他的一些富裕国家，这样的状况也普遍存在。

很多心理学家认为，当一个人对住房和食物等基本需要得到满足之后，额外财富的增长并不能增加幸福感。对此的许多调查甚至揭示出：在美国和其他大多数富裕社会里，财富的增加，甚至还伴随着幸福感的下降。

有一对夫妻都是从农村走出来的，那时家里供他们念书已经捉襟见肘了，所以，结婚时男方家里只有借来的2000元，夫妻两人只好简单地安排了一下结婚的用品，就举行了婚礼。婚后的生活虽然是简朴的却也是快乐的。那时，妻子在初中任教，为了能多挣钱，她代了很多课，丈夫下班早，就做好饭等妻子回来吃。吃过饭后便一起散步。尽管吃的是土豆和白菜，但是生活却过得有滋有味。现在，他们的生活水平有了提高，丈夫成天忙忙碌碌，陪妻子出去散步的次数也越来越少。妻子为此经常抱怨，两人的关系也开始出现了不和谐的声音。

或许有人会说，既然财富的积累并不能增加人们的幸福感，那是不是财富越少人反而越幸福呢？当然不是这样的。越来越多的经济学家们发现，相对于"绝对财富"来说，"相对财富"的增加才能给予人更多的幸福感。也就是说，不管收入有多少，只要和同类人相比是高的，那么人们就会有幸福感。一位学者做了这样一个测验，他调查了三千多名美国人，当问他们：你是愿意自己挣11万美元，其他人挣20万，还是愿意你自己挣10万美元而别人只挣8.5万美元呢？大多数人选择的是后者。

既然如此，人们在与他人的比较中，为什么大多数人会感到不幸福呢？这是因为他们总是拿自己的弱势与别人的优势比较，于是挫折感、焦虑感等不良情绪就由此而生，幸福感也就随之降低。

在日常的生活当中，每个人都免不了会同他人进行比较，只是在比较中我们要保持一份平稳的心态。或许我们尽其一生，也不会弥补上自己与别人的差距，即便能弥补，所谓"人上有人"，之后还有更多的人在某些方面比我们优越。其实，决定我们是否幸福的总根源，不在于我们实际上拥有了什么，而在于我们如何看待自己的拥有。

别让"无聊"感吞噬了幸福

在一个生活水平不断提高的当今社会，比起生活的穷困来，人们的注意力似乎更多地放在了处理内心的"无聊"感上。正如叔本华曾经说过的那样：人类总是摇摆于穷困与无聊之间。一位心理研究者曾经对哈佛的大学毕业生进行了调查，该调查结果显示：这些人获得学位二十年之后，抱怨彻底的毫无意义感的人占有极为显著的比例，尽管他们眼下所从事的工作都已经取得了相应的成就，过着一种在别人看来是井然有序的、幸福的生活。

有一本《无意义生活之痛苦》的书，是德国著名精神医学家维克多·弗兰克用写的。在书中，他利用自己创建的"意义治疗法"理论，向人们解释了幸福感的源泉和幸福感的消失之谜。

在书中他如此说道："我们今天已不再像弗洛伊德时代那样，生活在一个性挫折的时代里。我们的时代是一个生存挫折的时代。越来越多的迹象表明，我们已经生活在一个弥漫着无意义感的时代里，无意义感正在不断蔓延和加强。"

　　大量的事实也表明了这一点。在美国的大学生中，自杀已经成为第二大死因，位居交通事故之后。同时，自杀未遂（并非以死亡为结束）的数目增长了15倍。在被问及此类自杀未遂者的动机究竟是什么时，有85％的学生表示是因为在生活中再也看不到任何意义，做什么事情都毫无价值。在这些人当中，有93％的人在生理和心理上都是健康的，他们经济状况良好，与家人的关系也极为和睦，他们在社交生活中精力充沛，对其学业的进步也感到满意。

　　当"富裕社会"——满足了人们基本的生活需求之后，生存上的空虚却像阳光下的影子，随之显现了出来。这种现象的发生，也许正是因为这个社会满足的仅仅是物质方面需要，而不是生存意义上的需要，也就是精神上的需求。一位美国大学生曾经写信给弗兰克，"我获得了学位，拥有豪华汽车，经济上算是独立的，享有我应接不暇的性经验和声誉名望。但我扪心自问的仅仅是，这一切该具有什么样的意义？"2002年诺贝尔经济学奖得主卡尼曼教授的研究也发现，财富的心理意义比实际的数量意义对人的决策更有直接的影响，换言之，人们不是追求利益的最大化，而是意义的最大化。

　　身处在这样的一个生活环境之中，面对"空虚"感日益威胁着幸福感，我们所做的一切事情都渐渐失去了它原有的意义，对此，弗兰克给出的药方就是：首先，在做某事或创造某物中见出意义；此外，在经历某事、爱某人中见出意义；再次，在孤立无援地去面对某种无望的情景中，或许也能激发出某种意义。要想药到病除，完全取决于我们用什么样的态度和立场来对待，即便看起来不可避免且无法改变。正如弗兰克所说，人们实际上所要求的最终并不是幸福生活本身，而是某种构成幸福生活的因素。这就是说，一旦幸福生活的根据出现，幸福就到来，快乐就到来。

创造财富的过程中怎样感受幸福

　　财富的积累是社会发展的需要，对于个人而言，创造财富也是个人生存的需要。人一旦有了财富的支撑，就有了感受幸福的可能，但是，并不是所有创造财富的过程都是幸福的。比如，现在两个同时拥有一百万资产的人。其中一个人的资产是通过正当经营，艰苦努力赚来的。那么，他在逐步积累这笔资金的时候也许就是一种享受幸福的过程。相反，如果另外一个人的资金由于经营不当从最初的几百万缩水到几万元，或者他创造财富的过程是一种不正当的经营，即使是有了一定的资金也不会安心地享受过程带给他的幸福。可见创造财富的过程并不一定会有幸福的感觉。

　　当然，不同的人对创造财富的过程也会有不同的理解。就以炒股来说吧，两个人在股市中用同样的资金、同样的价格买入同一只股票，如果遇到股价变化，你会看到不同的反应。其中的一个人可能感觉越涨越高，风险越来越大，而变得紧张不安，心惊胆战；而另一个人则会从容地享受股价上涨带给自己的乐趣。所以，不同的心态导致我们对幸福的感觉也就不同。

耶鲁大学著名的政治心理学家罗伯特·兰恩出版的《在市场民主中幸福的丧失》主旨是帮助人们确立对幸福的主宰意识。兰恩列举出一系列问题："你是不是觉得你享受的东西和服务越多就越幸福？""你是否羡慕那些拥有更好的汽车的人？""挣钱是不是你重要的生活目标？"……他对那些给了这些问题肯定答案的人做了这样的评价："他们一般都不那么幸福。"对于他们而言，物质的指标越高，幸福的指标就越低。原因很简单，他们在生活中，总是寻求"外在的奖赏"。而这种奖赏，总是被别人而不是他们自己所控制。结果，他们越是追求这种目标，就越会被别人控制。一度能满足人们物质需求的金钱，不再能为他们买来幸福。

那么，我们应该到哪里寻求幸福呢？兰恩指出了两个去处："一是你生活中的伴侣，二是你工作的意义。"

许多经济学家总倾向于把工作看作是一种牺牲，而把薪水和假日看作是对这种牺牲的报酬，这在兰恩看来简直是荒谬的。当你可以从事你喜欢的事时，你会从中得到内在的报酬。这种工作一般有两个最基本的因素：一是不太用上司监管，一是不干重复性的工作。亚当·斯密也认为，有闲暇的生活方式是最理想的。闲暇意味着自由，意味着你可以做你想做的事。这和兰恩所追求的"有内在报偿"的生活方式，可谓殊途同归。只可惜这样观点，在市场经济主导的当今社会，已越来越不为人们所接受，而这也是现代人不幸福的原因。现代人常常不得已去工作，牺牲自己去干自己不喜欢的事。这对于他们而言不是一件幸福的事。

在创造财富的过程中，那些心态较好，不会太在意金钱而又能在工作中发挥所长的人往往会是幸福的。

财富与安全感

没有人愿意成为贫民，我们总是竭尽全力去获得更多的财富，却不知道，究竟财富积累到什么程度才会让自己踏实地生活。随着财富的积累，我们心底的那个能够让自己安心生活的数字一直在增长，似乎永远都不会有安心。生活一旦和金钱挂钩，这个世界就不会再有一个固定的不可逾越的界限。内心的欲望，会让人对生活的渴望越来越高，而内心的不满足，正是我们不快乐的根源。

当财富没有达到一定额度时，你会想，只要自己能够得到再多一点就会有安全感了。但是，这个再多一点究竟是多少，我们永远都无法知晓。因为我们永远都看不到能够让自己有安全感的那个界限。

人们的安全感应该在自己的心里，而不应该在钱袋子里。许多有钱人每年都会去开全球富商派对。派对结束后，他们就开始感觉不舒服，因为，那些富商都是世界数一数二的财富巨子，比较之后发现自己的财富还是太少，于是归来所做的第一件事就是更加努力地赚钱，赚了钱再去比。如此一来，他们对自己的财富就越来越没有自信，安全感也越来越少。这大概就印证了爱因斯坦曾说过的一段话："圆圈越大，它所接触的圆周就越大，它与外界空白的接触面也就越大。"

其实，财富的不安全感人人都会遇到。这种不安全感与财富的多寡没有太大的关联。如果一个人很有钱，但是他对自己的财务不善于管理，总是乐观投资，对前期的风险没有足够的分析和预测，以致后期没有得到预计的收益，财务出现一系列问题，那么，他还会有安全感可言吗？

在实际生活中，因为没有明确的财富目标和实现财富目标的手段，更会有不安全的感觉。最重要的是一定要对整个人生有一个整体规划，知道自己的人生要选择一条什么样的道路，要用什么样的工具，遇到突发事件应该怎么办，只有这样才能增加内心的安全感。在考虑自己的财富能够给自己多少安全感时，这些都是应该加以考虑的问题。当你有能力让这些问题得到解决的时候，你会发现，其实安全感与自己的财富多寡没有太大的联系。只有加强内心的修炼，才能体会到平静。

精神富了才会幸福

有人曾问亿万富翁、现吉利公司总裁李书福是否感到幸福。李书福说："幸福与不幸福，不能用钱来衡量。我告诉你，有钱并不一定幸福，你今天发愁怕被人家偷了，明天又担心这个钱来路是不是有问题，后天又考虑这个钱怎么花。你整天发愁，你一点都不会幸福！我感到幸福，不是因为有钱，而是因为我的理想正在一点一点变为现实。"

作为现在具有"中国汽车十强""中国驰名商标""中国自主品牌轿车"等荣耀的吉利汽车的总裁。李书福说："我天天坐吉利汽车，我觉得很幸福、很踏实！"吉利远景正式下线后，李书福还让人把他原来用来接待来访客人的奔驰和普拉多等全部卖掉，换上了远景。他说："作为汽车公司，你能坐上自己生产的车，用自己生产的车接待客人，这种自豪感、成就感是很难用语言形容的。"他的这种自豪感和成就感强烈地感染了部下，吉利员工百分之九十九开的都是吉利轿车。

当吉利资助的贫困学子们怀着感恩的心坐在大学课堂上

时。李书福尤其感到欣慰。他说："办教育虽然没有利润，资助贫困大学生更是只有付出，但我觉得很值得，很欣慰，通过办学和助学，我感到我跟这个世界联系得很紧密！"

从这位总裁身上我们可以看出，一个人是否幸福并非是用金钱的多寡来衡量的。当内心的满足感使心灵享受到平静时，才能体会到何为幸福。

是的，金钱在一定范围内能够带动幸福感的产生，但绝对达不到'控股'的程度。金钱不能与幸福直接对应，幸福还有许多其他决定因素。

某大型集团公司的总经理张悦对我说，他小时候穷得连鞋都没有，大雪天去学校，怕把唯一的一双布鞋弄湿了，竟然光着脚，往返走了很远的路，回到家一看，脚冻得几乎僵硬。幸运的是他在亲人和朋友的帮助下完成了学业。如今的他过上了白领生活，但他说还是小时候幸福。他说："因为贫穷，以前总是希望有一天能过上有钱的生活，但现在发现，有了钱未必就幸福。小时候虽然穷，但一家人在一起其乐融融、相互关心，简直就是生活在天堂里。"

对于人生来说，最终目的只有一个，就是获得幸福。这种幸福是精神层面的感受。有钱买不来幸福，物质财富只是幸福的必要条件，不是充分条件。一个家庭分裂，妻离子散的人即使有钱也是不幸福的。一个没有自己的事业，靠继承大笔遗产过着醉生梦死生活的人，充其量只是行尸走肉，谁也不会将幸福与他联系在一起。鼓盆而歌的庄子是幸福的，因为他懂得人贵适志；不为五斗米折腰的陶渊明是幸福的，因为他"坦万虑以存诚，憩遥情于八遐"；"纵一苇之所如，凌万顷之茫然"的苏东坡是幸福的，因为在他眼里，"惟江上之清风，与山间之明月，耳得之为声，目遇之而成色，取之不尽，用之不竭，是造物者之无尽藏也，而吾与子之所共适"。在一般人看来，这些圣贤的一生都算不上是幸福的。因为他们不是不够显达，就是默默无闻；不是屡经坎坷，就是身罹恶疾。然而，他们却享有一般人难得的幸福，更享有一般人难得的辉煌。

不要把金钱作为衡量财富的标准，我们更应该做的是加强自身的内在修炼，只有这样，才可以体会到真正的幸福。

第九章 富足心是根本

正确看待贫穷

一个人一生不会总是生活在幸福和富有之中。对于大多数人而言，正确地看待财富和幸福，并能够在不断的努力中逐渐实现自己的财富梦，获得自己想要的幸福，这样才能获得快乐。

贫穷并不可怕，可怕的是向贫穷让步。家庭生活暂时比较贫困的人，一定要抛弃自卑的心理，树立乐观向上的人生观，用聪明才智来体现自身价值。贫穷能锻炼人的意志，当我们能够正确看待贫穷时，命运就会因此而改变。

英雄自古出寒家，纨绔子弟少伟男。对于出身贫困的人，最重要的不是急于改变现状，而是最先端正人生坐标，把握好心态。古今中外不少成功人士，有不少人出身贫寒，但贫寒并没有阻挡他们成功的道路，反而锻炼了他们的意志，给予了他们走向财富和幸福最重要的品质。这些优秀的品质弥补了他们在物质上的贫乏，成为他们迈向成功的巨大精神财富，而他们深刻地体会到成功的不易，更加知道如何让自己的所得长久。

所以，从贫困中走出来的人其品质更容易被人信任。他们能够获得的财富和幸福也因为有了这种品质的依托而快速地增长。

在这个物质时代，贫穷确实不是一件值得庆幸的事。但贫穷本身没有错误，它可以成为一种激励人奋发向上的动力，使人在逆境中保持奋发向上的精神状态，把暂时的艰辛转化为成功的动力，让贫穷成为人生另一种财富和珍贵的记忆。

成功者迈出的每一步都是艰辛的。这一方面是由于社会物质条件的贫乏造成的，另一方面则是极度的精神压力给予的。事实已经证明，最初的物质贫困所造就的人常常是最后能够得到幸福和财富的人。

我国每年考入重点大学的学生中，有很多都家境贫困，甚至有不少人是在一种让人难以想象的贫困和苦难的环境中长大的。他们根本没有好的学习条件，每天要做繁重的家务，条件恶劣，他们什么也没有，但有一样珍贵的东西是属于他们的，那就是在贫穷和苦难中磨炼出来的人格和力量。这种人格和力量，使得他们做到了坚强，让贫困成为激励自己艰苦奋斗的动力。

我们要从心态上改变对贫困的看法。正确看待自己的处境，努力消除自卑感，增强自信、自强、自立意识，培养自己吃苦耐劳的品质和社会生存能力，消除贫困造成的消极影响，努力实现人生目标。

美国前副总统亨利·威尔逊小的时候，家境非常贫困。他曾经回忆说："我出生在贫困的家庭里。当我还在摇篮里牙牙学语时，贫穷就露出狰狞的面目。我深深体会到，当我向母亲要一片面包而她手中什么都没有时是什么滋味。我承认我家确实很穷，但我不甘心。我要改变这种情况，我不会像父母那样生活，这个念头无时无刻不纠缠着我。可以说，我一生所有的成就都要归结于我不甘贫穷的心。十岁那年我离家，当了十一年的学徒工，每年可以接受一个月的学校教育，十一年的艰辛工作之后，我得到了一头牛和六只绵羊作为报酬。我把它们换成几美元。从出生到二十一岁那年为止，我从来没有在娱乐上花过一美元，每美分都是经过精心计算的。在我二十一岁生日之后的第一个月，我带着一队人马进入了人迹罕至的大森林，去采伐大圆木。每天，我都是在天际的第一抹曙光出现之前起床，然后就一直辛勤地工作到天黑后星星探出头。在一个个夜以继日的辛劳努力之后，我获得了六美元作为报酬，当时在我看来这真是一个大数目啊！

就是在这样的贫困环境中，二十一岁之前的他已经设法读了一千本好书，这对一个穷人家的孩子来说是多么艰难的事情啊！后来，他在马萨诸塞州的议会上发表了反奴隶制的演说，引起了人们的广泛关注，从那时起他逐渐走上了政治道路，最后终于如愿以偿，当上了副总统。

不要再为窘迫的生活而苦恼。学会将其转化成推动你前进的助力，只有这样，才能取得成功，获得属于自己的幸福。

不做心灵的穷人

一个人一旦心灵穷困潦倒，即使他富可敌国，也不会真正体会到幸福的存在。相反有的人也许并没有令人羡慕的财富，却照样过得怡然自得。贫穷对于有志气的人来说，会成为激发他们前进的推动力，使他们做出常人难以企及的成就。贫穷并不可怕，可怕的是心灵上的贫穷。如果精神空虚，就容易陷入生活的漩涡中难以自拔。

美国著名的心理学家威廉·詹姆斯说："我们这一代人最重大的发现是，人能借由改变心态，从而改变自己的一生。"是的，人生的成败、幸福或不幸，有相当一部分是由自己的心态造成的，心态对我们的生活有着不可忽视的力量。

传说苏格拉底的父亲是雅典城中的铁匠，由于家里穷，苏格拉底的母亲只好去给别人做接生婆，赚得一点微薄的收入来贴补家用。所幸的是贫穷并没有给苏格拉底造成什么不良影响，相反却让他养成了许多好习惯。妈妈没钱买布给他做衣服，苏格拉底只好一年四季都穿着同一件衣服。有时衣服脏了他就只能在夜晚把它洗好，然后拿到火炉边上烤干以便第二天早上穿。至于鞋就更不用说，苏格拉底根本就不知道什么是鞋，他总是赤着脚走路。

有一年冬天，天下着大雪，苏格拉底必须去给人家送打好的铁器。妈妈看雪下得那么大，儿子的脚下又没有穿鞋子，于是不让苏格拉底去。但是，苏格拉底对母亲说一定要讲信用。于是顶着大雪，光着脚丫把打好的铁器送到了那个需要铁器的人家里。那人感动地拿出好吃的来招待他。但是他很快发现苏格拉底对美酒佳肴并不感兴趣，他感兴趣的是看书。后来这人就把家里所有的藏书都借给苏格拉底看。就这样，苏格拉底逐渐认识了许多字，读了许多书。苏格拉底虽然身处艰难和贫穷的环境当中，饱尝着人世的艰辛，但这并没有阻碍他追求梦想的脚步。他仍旧做着自己该做的事情，并且为他以后的成功奠定了基础。

世界上有很多东西是我们能够选择的，但出身却不能选择。当我们被迫处于一个穷困的家庭时，也就意味着我们有更多的机会锻炼自己，使心灵变得富裕。贫穷并不是一种耻辱，更不是堕落的借口，而是激励我们前进的一种推动力。

河北省一位企业家说，他正是依靠信心和勇气战胜了种种对贫穷的不良认识才取得了今天的成就。他回忆童年生活时说："我是一个来自偏僻农村的穷孩子。在我刚刚满一周岁的时候，父亲就因车祸离开了人世，抛下母亲和我相依为命。我的童年和中学时代都是在贫困中度过的。因为没有父亲，靠母亲独自一人苦苦支撑着家庭，生活异常拮据。但贫困同样给了我一笔精神财富，让我懂得了生活的不易。即使没有衣服穿、没有饭吃，我仍然没有放弃奋发图强的信念。靠着亲友的帮助，加上自身的不断努力，今天的我一样得到了自己该有的成就，甚至比其他人更加成功。"任何事都有它的两面性，只要你明白自己怎么做才是正确的，就会突破物质的束缚，得到应有的成绩。

是的，获得成功的人并不是因为他们出身高贵，而是因为他们的心灵足够坚强。坚强的心灵引领他们在人生的路上克服重重困难，结果他们改变了命运。而对于某些人来说，穷就意味着自卑，与人相处时会因为自卑而敏感，常常采取逃避的做法为自己找一块安静的避难所，久而久之，就会产生诸如极度自卑、不安、孤僻等心理问题，慢慢地，这种心理会吞噬他们奋发向上的激情，在事业上也难以取得突出的成就了。

让我们学会正确地面对贫穷，让它成为我们通往成功的一块垫脚石，而不是阻碍我们的绊脚石。当你调整好心态，让自己从心灵的阴影中走出来，就定可以取得突破，收获成功。

不要掩饰自己的不足

生活贫穷的人很容易陷入到虚荣的怪圈里去。为了在表面上得到别人的承认，不切实际地盲目攀比，恰恰堵死步入幸福和财富的入口。

有虚荣心的人为了追求表面的光彩，总会极力掩盖自己的不足。他们喜欢高声喧哗、哗众取宠，喜欢有人追随的感觉，为了心理平衡往往自欺欺人。他们不想面对真实的自己，更不愿意让别人知道自己脆弱和无奈的一面。从内心深处自知不如人，总想抓住一些小事炫耀一番。他们不去努力地提高自己的实力，而是靠做一些表面文章来赢得别人的赞誉。结果往往不能真正改变不利的地位，反而丧失了尊严。虚荣不但不能让他们真正感受到幸福，还让他们感到烦恼。

曾经听到这样一个真实的故事：一个男孩深深地爱着一个女孩。一天，男孩拉着女孩的手一起去逛街。当他们经过一家首饰店门口时，女孩一眼看见了摆在玻璃柜中里的一条金项链。女孩心想，我这么漂亮，配上这条项链一定更好看。男孩看见女孩眼中依依不舍的目光，又摸摸自己的钱包，脸红了，他拉着女孩快速离开了。几个月之后女孩过生日，生日宴上，男孩喝了很多酒，才敢把送给女孩的生日礼物拿出来，那正是女孩心仪的那条项链。女孩高兴地当众吻了一下男孩的脸。过了半晌，男孩才红着脸嗫嚅地说："不好意思，这项链是……铜的……但是，我发誓我一定好好爱你……"没等那男孩说完，女孩的脸就蓦地涨得通红，把正准备戴到脖子上的项链揉成一团随便放在了牛仔裤的口袋里。"来，喝酒！"女孩大声地说，直到宴会结束，女孩再也没看男孩一眼。

不久后，另一个男人闯进了女孩的生活。当他把一条闪闪发光的项链戴到女孩身上时，女孩的心也同时被俘虏了。他们俩很快就同居了。男人对女孩百依百顺，女孩暗暗庆幸自己在男孩和男人之间的选择。对于女孩来说，那真是一段幸福的日子。但是好景不长，在女孩发现自己怀孕的同时，也发现男人其实早有家室，而且又回到了自己的家，不再和她联系。生活一下子陷入僵局的她只得走进当铺，把自己所有的金首饰摆在了柜台上。老板眯着眼睛看了一眼说："你拿这么多镀金首饰来干什么？这些根本就不值钱。"女孩一下子愣住了。接着老板的眼睛一亮，扒开一堆首饰，拿出最下面的那条项链说："嗯，这倒是一条真金项链，值一点钱。"女孩一看，这不正是男孩送她的那条铜项链吗？这时女孩才明白了所有的一切，深深的懊悔一下子占据了她的心灵，可是，后悔已经来不及了，羞愤难当的她在一个寒冷的夜晚从一座大厦的楼顶一跃而下。

是的，在这个物欲横流的社会，对金钱的渴望扭曲了不少人的灵魂。但是，有些东西是用金钱也买不到的，比如亲情、友情、爱情。而这些，才是生命中最值得去珍惜的。

自尊心并不是靠金钱支撑的。没有金钱一样可以幸福地活着，一样可以将生活过得有声有色。将自己装扮成一个有钱人来蒙蔽他人是虚荣的表现，那只会让我们生活在一个理想的国度，等待生活最终的残酷判决。

虚荣是人类共有的弱点。正因为是弱点才需要正确地看待它、改正它。只有通过正确的途径改变不良的状况，才能使自己得到真正的幸福和财富。找一些理由掩盖自己的弱点，以便显得自己和别人一样或比别人更优越，这样只会使你更自卑、更压抑，对身心的健康发展也是极为不利的。

中国社科院青年问题专家张国庆认为，一个人应当正确看待金钱，既要接受现实，也要调整心态。要将着眼点放在未来，而不是当下。要将差距变成动力，而不是盲目攀比。应该放宽眼界，胸怀远大，不要老是在一个小圈子里和人攀比，在小事情上较劲，而应该跟自己竞争，跟未来潜在的对手竞争，获得更好的发展前景。

让我们克服虚荣。只有正视自己，才可以取得进步。

看好自己的尊严

因为贫穷，有时我们不得不屈服于某些人或者某些事，但是唯一不能屈服的就是人格与尊严。只有保持尊严，尊重自己，别人才能尊重你。但是，请你记住，尊严不是装出来的，而是在正确地认识自己并且对自己充满自信的基础上表现出来的一种精神状态和气质风韵。它无须认真刻画，是自然的表现，却有着永远无法取代的千钧之力。

曾经有一对衣着普通的夫妇，带着一个小男孩到一家著名的西餐厅去吃饭。坐定之后，侍者优雅地递上菜单，而这对夫妇只点了一份价格最低的牛排。侍者脸上露出诧异的神色，迟疑问道："一份牛排你们三位够用吗？"那位爸爸腼腆地笑了笑，说："我们吃过了，牛排是给孩子吃的！"食物很快被摆上了餐桌，送到了小孩的面前，父母亲其乐融融地看着他们的孩子用餐，眼里充满了怜爱和仁慈。

这一家人的举动，引起了餐厅经理的注意。经理找来那位侍者，询问是什么原因。侍者简单地回答，是一对溺爱小孩的父母，只点了一份最便宜的牛排给自己的孩子吃。但是，细心的经理发现，这对父母在餐桌上教导孩子怎么正确使用桌上的刀叉，他们反复而有耐心地、一次又一次地教他们的孩子，直到他做对为止。餐厅经理由此看出这家人生活其实并不宽裕，否则就不会在这个地方教育自己的孩子。于是经理叫来侍者，交代了几句话。很快地，侍者端着两杯咖啡，到那一家人的桌前。那位爸爸连忙挥手，正要说他们没有点咖啡，经理却走上前去，礼貌地告诉他们，这是餐厅招待的。随后，经理和这对夫妇聊了起来，终于知道了这一家三人只点一份牛排的原因。原来，他们的经济条件很差，根本吃不起这种高级餐厅的晚餐，但他们对孩子有信心，希望能及早教会他正确的用餐礼仪，更重要的是，让孩子在成长过程中，记住自己曾在高级餐厅中接受过高级服务，希望他将来做一个懂得自重、懂得维护自己尊严的人。

可是，不少人把尊严看成是面子，认为丢了面子就没了尊严。但是，尊严不等同于面子。爱慕虚荣、挣足面子只是人们不自信的表现。许多人把爱虚荣、爱面子当作是在维持自己的尊严，结果只能酿成令人更加心痛的后果。

一位生活困顿的母亲很爱自己的儿子。因为丈夫死得早，他和儿子相依为命。儿子成为她生活的支柱，有什么要求她从来不会有所违拗。后来，儿子升到了初中。为了能使他受到良好的教育，她将儿子送入郊区的一所贵族学校读书。由于学费昂贵，她不得不省吃俭用，儿子刚入贵族学校，知道母亲的不易，还知道努力学习，但仅过了几个月，他就没有了最初的学习精神，取而代之的是和那些有钱、有权、有势的家庭出身的孩子攀比。因为出身低微，他越来越觉得自己在那些出手大方的同学眼里不受尊重和欢迎。为了赢得尊严，他对金钱的要求越来越高，脾气也越来越大，每次回家，不是嫌衣服太寒酸，就是嫌没有更多的零用钱。母亲为了满足宝贝儿子的要求，只好去卖血。

有一次，母亲因为临时有事，到学校接儿子回家。当衣着光鲜的儿子站在她面前时，竟然对着她吼："以后不要到学校里来，丢人！"没有丝毫准备的她被儿子这么一吼，顿时傻了眼，她那时才知道自己的儿子已经变了。随着生活压力的加大，她不能满足儿子的需要，慢慢地儿子也不再要钱，她以为儿子长大了，懂事了，却不想没有几天，警察就通知她儿子因为参与贩毒，被捕入狱。这时的她才发现自己所有的辛苦都已白费。从那之后她一蹶不振，生活陷入了更加艰难的困境。

任何人都需要尊严，但尊严与爱慕虚荣是不相容的，如果分不清这点，就会陷入误区。类似上述的悲剧，现实生活中仍在不时上演。回过头，看看上文那对夫妇的做法，也许我们能够找到如何争取尊严的方式，更相信穷人也可以保持尊严。在贫穷中能够坚持、维护人格尊严不被玷污的人才能最终赢得尊重。而只为面子活着的人，最后只能既丢了面子，又失了尊严。

洒脱一点更富足

古代有一个王国，因为新国王刚刚登基，外族都不臣服，经常犯边扰境。国王决定以武力征服四方，进而安定边疆。于是，颁布诏书昭告天下，民间若有肯为国效力者，皆有重赏。没几天就有三个年轻人应召而来。其中张三善骑术、李四善射术、王五善谋略。国王仔细考量了他们之后感觉很满意，于是便让他们带领大军开赴边疆了。

到了边疆之后，因为三人善于配合，时日不多，边疆就有喜讯传来。一个月以后，边疆就得以平复，全国一片升平景象。得胜之师回到都城，国王要给将士们论功行赏。并特令三人自由选择自己想要的一切。

张三说："我要做大将军，誓死为陛下镇守边关！"

李四说："我希望陛下让我做尚书，替陛下分担国事！"

王五却说："我一不要官，二不领兵，三不要钱。我只希望陛下能赐我一群牛羊和一块牧场！"

国王一一满足了这三个人的要求。若干年之后，王五在牧场上吹着笛子，过着悠闲的生活时，消息传来，张三和李四因为权倾朝野，遭到猜忌，全被打入天牢。

人生在世，最重要的是实现自己的价值，而不是对名利的追求。如果把获得名利放在人生的首位，会反受其累。权利地位终如过眼烟云，不要让其成为束缚你一生的枷锁。

生性淡泊的人，不会因为曾经立下了汗马功劳而要求做什么封疆大吏。他们洒脱地做出选择，将生活还原到无拘无束的状态，体验不受羁绊的生活，自由自在地享受美好。不用绞尽脑汁地谋划和算计，安享生活的平淡之美。也许对于大多数人而言，这样的生活是毫无吸引力的，但是，这样的人生恰恰是洒脱的。

于名利而言，能而不为，有而不重，是谓淡泊，是谓超脱。人生的所求所为，都是一种选择，都有它存在的理由和原因。一个人若能在财富与幸福的权衡中，淡泊而不拘于外物，不以物喜，不以物悲，进退皆能豁然处之，这样的人才会活得幸福开怀。

有一个人，因为渴求金钱，得到了就想要更多，于是整天忧愁困惑，患得患失，不知道自己该怎么做才能变得快乐。一天，他来到一片草原，看到满眼的碧绿心中顿时有许多感慨，心想如果自己是这草原上的一棵绿草也许就不会有那么多的烦恼了。这时，远处传来牧羊人悠扬的笛声，悠远绵长，安闲自在。他想，这个人一定是一个幸福的牧羊人，我何不问问他怎样才能得到快乐。于是，他拦住牧羊人问："我从你的笛声里听到了快乐，为什么你能够快乐，而我却不能？"

牧羊人说："没什么，我也是一个凡人，也有许多的烦恼。但是，我却懂得忘记。许多事我从不刻意追求，只是随缘而定，即使得不到也不会放在心上。该争取的时候，我会争取；该放手的时候，我也从不抓着不放。所以，我会快乐。"

牧羊人的话给了他些许启迪，但他发现自己很难做到。于是，他继续去寻找新的解脱途径，希望能够得到一个更好的答案。不久，他路遇一位老和尚，和尚面带微笑，满面红光，活像一尊弥勒佛。他心想，这个和尚应该是一位高僧，他一定有办法让我快乐。于是，他对老和尚说了自己的烦恼。老和尚问："你想寻找摆脱烦恼的方法吗？"他点头说是。老和尚又问："有人捆住你吗？"他说没有。老和尚又说："既然没有人捆住你，那你何谈要摆脱呢？人凡事执迷不悟，自己找这些名利之缰捆住自己，谁也救不了你，唯有自己才能救自己，做人要有几分洒脱，该放手的，一定要放手，不能让自己的生活被这些东西搅乱。"听了和尚的话，他若有所悟，于是，学着改变自己的生活态度。不久，他果然得到了快乐。

烦恼和痛苦都是由于不能舍弃而引起的。人们都希望能在名利这座独木桥上穿行，人与人之间少了默契，增了烦恼。人生在世，是要学会取舍的。凡事不要太执着，懂得舍弃，才会洒脱。